Illustrating Fashion

时装设计效果图
手绘表现技法

唐伟（唐心野）刘琼 曹罗飞 编著

人民邮电出版社

北京

图书在版编目（ＣＩＰ）数据

时装设计效果图手绘表现技法 / 唐伟，刘琼，曹罗
飞编著. -- 北京 : 人民邮电出版社，2014.1（2017.7 重印）
ISBN 978-7-115-33631-6

Ⅰ．①时… Ⅱ．①唐… ②刘… ③曹… Ⅲ．①时装—
绘画技法 Ⅳ．①TS941.28

中国版本图书馆CIP数据核字(2013)第285749号

内 容 提 要

本书由从事服装设计工作的一线设计师编写，在本书中不但详细讲解了时装设计效果图绘画技法，还重
点讲解了服装款图、效果图如何服务于最终的设计。

本书从时装画与服装设计手稿对服装企业产品开发的重要性谈起，然后详细讲解了男性、女性和儿童人
体的比例结构、动态选择和服装整体着装表现，并细致分析了服装企业的设计中常见的服装款式图绘制方法
及具体步骤。除此之外，还讲解了服装常见面料的表现与服装款式整体搭配上色表现的技法。书中在完成了
对品牌服装设计手稿的分类及分析阐述的同时，展示了品牌服装企业在设计过程中的真实案例。

本书既可以作为专业服装设计院校培养服装设计师的专业教材用书，也可以作为广大服装设计从业者的
学习参考用书。

◆ 编　　著　唐　伟（唐心野）刘　琼　曹罗飞
　　责任编辑　杨　璐
　　责任印制　方　航

◆ 人民邮电出版社出版发行　　北京市丰台区成寿寺路 11 号
　　邮编　100164　　电子邮件　315@ptpress.com.cn
　　网址　http://www.ptpress.com.cn
　　北京市雅迪彩色印刷有限公司印刷

◆ 开本：787×1092　1/16
　　印张：11
　　字数：431 千字　　　　　　　　2014 年 1 月第 1 版
　　印数：54 001–59 000 册　　　2017 年 7 月北京第 19 次印刷

定价：49.00 元

读者服务热线：(010)81055410　印装质量热线：(010)81055316
反盗版热线：(010)81055315
广告经营许可证：京东工商广登字 20170147 号

序

　　在我萌生写这本书的想法的时候，我的一个学生告诉我：有梦想的人都是值得被尊敬的，我的心顿时澎湃了，也更坚定了。从事服装行业的这十余年中，我一直都有一个梦想，就是把这些年积累下来的一些感想及经验与大家分享，这个梦想已经在心里生根发芽了。今天，当我为自己即将出版的书写下这份序的时候，我是幸福且满足的。我也希望能借助这本书，把这份勇敢追求梦想的正能量传递出去。

　　在文化大爆炸与快时尚的当今社会，高效可行的服装品牌设计手稿对服装产品的开发越来越重要，服装买手及设计师与板师之间沟通零障碍，已经成为品牌服装企业产品开发的核心竞争力。绘画基础与造型能力是服装设计助理的基本技能之一，一方面，只有具备了良好的绘画基础才能以绘画的形式准确地表达设计师的创作理念；另一方面，准确的设计稿在服装企业产品开发过程中能更高效准确地使板师与样衣师沟通。在这个创意流行不止的时尚领域，将灵感与流行元素结合已成为服装品牌企业具备市场竞争力的核心要素之一，这也迫使我们需要掌握越来越丰富的设计技能。我们可以去练习写意或抽象的时装画来提高对艺术文化的理解，也可以去画精炼、高效、标准的服装效果图和款式图来提高对服装款式构思的清晰地表达，从而为今后择业及素质提升打好坚实的基础。

　　有了好的绘画功底，还需要寻找一个实用及适合自己的好方法，本书"心野母型"款式图绘制方法是我多年的研究成果。它可以使服装设计初学者可以很快上手，并能快速有效地控制好服装款式各部位比例及尺寸，是服装设计师们最为常用的一种服装款式图手绘方法。有了好的方法，还需要掌握一些设计开发工艺知识，本书的"服装设计师助理培训"知识一定对设计有所帮助。

　　品牌服装设计师在企业是如何绘制服装设计手稿的？这个不仅是很多在校服装设计专业学生的疑问，也是很多服装设计爱好者及服装设计助理的疑问。我一直希望有一天可以用自己多年与企业同行沟通学习的经验来解答这个疑问。为了认证本书方法案例的合理性及可行性，我带着这些方法案例先后到广州、深圳和上海等一些品牌服装企业，这些企业包括男装、女装、童装以及内衣等多个服装类别。在与多个企业的服装设计总监共同探讨本书的方法案例并得到一致认可后，才开始正式起稿编写。在此，我衷心感谢童装设计总监周东先生、男装设计总监李伟先生、女装产品开发部经理徐丽女士以及内衣资深设计师喻叶女士的不吝赐教和为本书提出的宝贵建议。

2012. 10. 15

目录

策划/编辑

| 策划编辑 | 佘战文 | 校对编辑 | 李 伟 | 美术编辑 | 李梅霞 |
| 执行编辑 | 佘战文 | 版面设计 | 魏 琴 | 美术编辑 | 刘璐璐 |

第1章

时装画与服装设计手稿概述

时装画对于大众来说是一种独特的欣赏艺术，而对于服装设计师来说却是对灵感的捕捉。服装设计手稿属于时装画的范畴，但又区别于时装画，时装画更多的时候是追求画面的艺术气氛与视觉效果，而服装手稿更多的时候是指导样衣的制作。

1.1 时装画

1.1.1 时装画概述

时装画是以绘画为基本手段,并通过艺术手法表现出来的服装造型画面效果,也是对当下生活状态的一种形象化的表述。时装画表现技法众多,如水墨画法、淡彩画法、素描画法、单线画法和不同工具材质的画法等。时装画的表达应在科技文化、审美取向和流行元素等不同的时代背景下,以使构思立意不断革新。

时装画具有多元化和多重性。从艺术的角度看,时装画强调绘画手法和表现形式以及艺术感和审美价值;从设计的角度看,时装画注重服装设计意图以及服装色彩、面料和款式间的搭配。

1.1.2 时装画分类

时装设计草图

　　画时装设计草图可以帮助设计者捕捉灵感并迅速记录设计构思，从而简洁明快地表达出设计意图。

　　通常时装设计草图并不追求画面视觉效果，而是抓住时装关键细节和主要特征进行描绘。用铅笔或水性笔在稿纸上概括性地勾勒出时装后，粗略地绘入几种色彩或直接贴入面料，并结合文字说明记录当时的构思。画时装设计草图一般会省略或简单地勾勒人体动态，把时装作为主要表现对象。

时装效果图

　　时装效果图有写意风格和写实风格，可以将时装按照设计构思，生动、形象地表现出来。画时装效果图时要求人体动态和服装款式搭配协调以及发型和服装搭配协调，并且一般需要表现出服装的面料质感、色彩搭配和人物情感等。

写意风格：抓住时装设计构思的主题，将设计图按形式美法则进行适当的变形和夸张等艺术处理。运用特别的绘画技法和材料将设计作品以装饰的形式表现出来，以突出画面视觉效果和情感艺术氛围。

写实风格：注重表现服装本身的面料质感和描绘细节，从而追求逼真的时装效果。设计师需要掌握一定的服装工艺知识以及具有较强的手绘能力。

时装广告画与插图

　　时装广告画与插图是指为某时装品牌、设计师、时装产品、流行预测机构或时装活动而专门绘制的时装画，常出现在报刊、杂志、橱窗和招贴上，起媒介宣传作用。时装广告画与插图注重艺术性，强调艺术形式对主题的渲染作用。

1.2 服装设计手稿

服装设计手稿分为款式图手稿和效果图手稿两大类，主要包括服装效果图、服装款式图、参照样图、齐色搭配表、面辅料小样、细节放大图、尺寸标注和工艺说明等内容。服装公司的设计手稿一般以两种形式出现，一种是款式图手稿，另一种是效果图与款式图相结合的手稿。

1.2.1 服装款式图手稿

服装款式图手稿也叫服装款式平面结构图，是服装设计与制板等生产工艺的重要依据。它能有效地向设计总监、制板师和样衣师传达服装设计意图，也是服装设计总监审稿和指导样衣制作最为快捷的沟通载体。服装款式图手稿展示服装二维平面效果，追求精准、清晰、细致和协调。

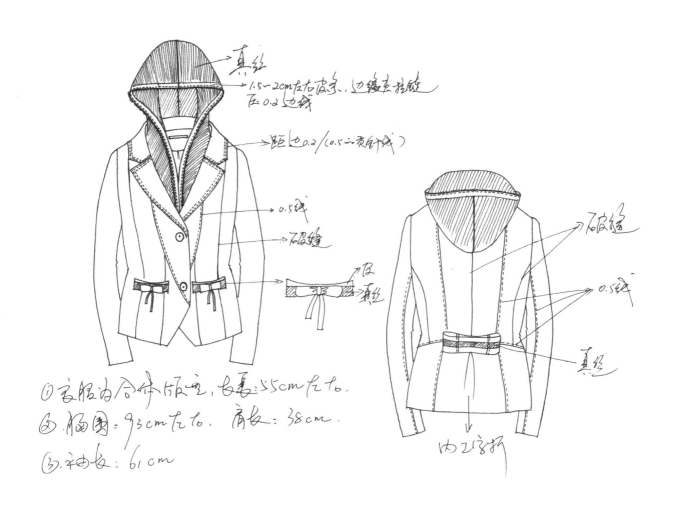

1.2.2 服装效果图与款式图相结合的手稿

　　服装效果图与款式图相结合的手稿也属于时装画的范畴,是时装品牌设计师常用的一种表现手法,也是服装公司里设计师、制板师和样衣师之间沟通交流的语言和媒介。它有款式结构表现清楚、面料搭配准确、细节工艺加以文字说明补充等标准。一般采用正面效果图和背面款式图相结合的方法,以单线手绘或辅助上色等方式来表现服装设计手稿。

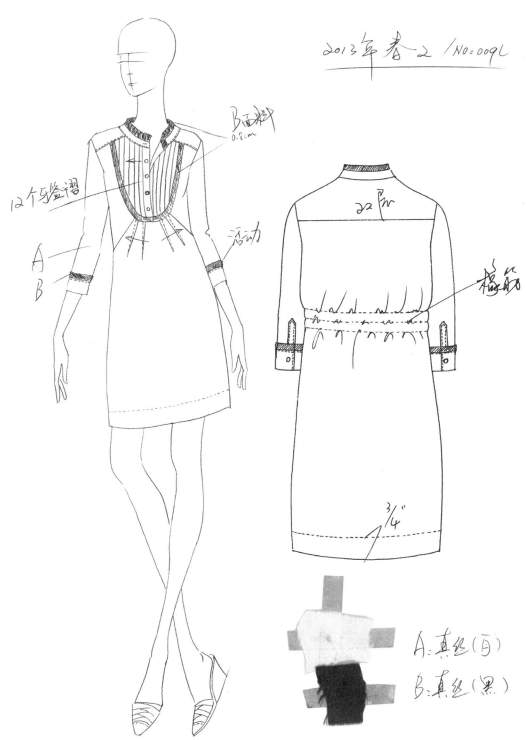

第2章

服装手稿绘制基础

　　绘制服装手稿必须掌握服装基础知识。因此，对服装手绘工具的学习和掌握是进行服装手稿绘制的前提；对人体比例的正确认识和正确表达是服装手稿绘制的关键。

2.1 绘制工具及材料

2.1.1 工具类

自动铅笔

用于绘制服装手稿的线稿，一般选用0.5mm的铅芯，以便在办公环境内使用。

上色画笔

用于服装手稿的着色，一般选用吸水性较好的圆头毛质画笔。

中性水笔

用于服装手稿线稿的描边，一般选用0.5mm黑色铅芯。

彩色铅笔

用于服装手稿快速上色，一般选用24色支装。

马克笔

用于服装手稿快速上色，马克笔分为水性、油性和酒精性，一般选用油性麦克笔。

2.1.2 材料类

A4复印纸

普通办工用纸（尺寸为210mm×297mm）用于绘制款式图或效果图。

素描纸

用于绘制服装手稿的着色效果，一般选用纸面白净，纤维韧性较好，吸水性适中，磅数较厚，不易因重复涂抹而破裂和起毛球的纸张。

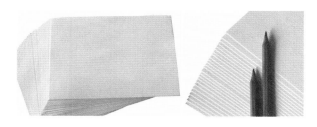

颜料

水彩、水粉和丙烯颜料都可以，一般选用24色支装。

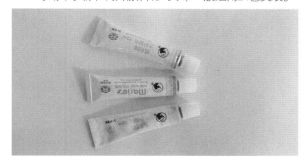

调色盘和水桶

用于调和色彩颜料和洗笔，一般选用梅花形调色碟和小巧方便的水桶。

橡皮

用于修改线稿的错误，一般选用2B型号。

直尺

用于绘制服装款式图中的直线型线条，一般选用20cm较为合适。

双面胶、剪刀和复写板

用于制作"心野母型"模板，复写板应选用塑料片板。

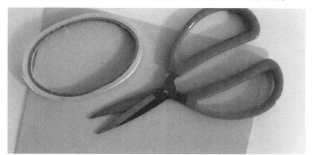

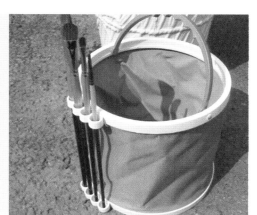

2.2 男装、女装和童装的人体结构比例

画人体之前，首先需要了解人体的结构比例关系。在服装手稿绘画中人体身高一般以头长为单位，即头顶到下巴的长度为1个头长。通常正常的成年人体一般为7~7.5个头长，而服装手稿人体一般为8~9个头长，其目的在于追求服装在视觉上的美观与协调。

2.2.1 男装的人体结构比例

男装人体肩宽略大于2个头宽，腰宽略大于1个头长，臀宽略等于2个头宽，正侧面脚长为1个头长。当手臂自然下垂时，肘关节位与腰部平齐，腕关节位与跨部平齐，手部中指与大腿中部平齐。

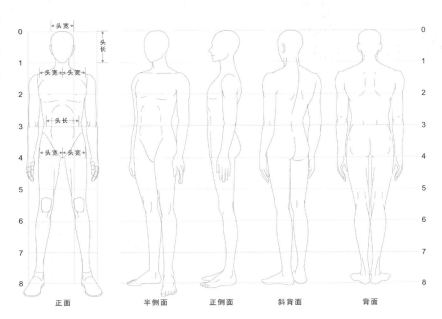

正面　　　半侧面　　　正侧面　　　斜背面　　　背面

2.2.2 女装的人体结构比例

女装人体肩宽为2个头宽，腰宽略小于1个头长，臀宽略大于2个头宽，正侧面脚长为1个头长。当手臂自然下垂时，肘关节位与腰部平齐，腕关节位与胯部平齐，手部中指与大腿中部平齐。

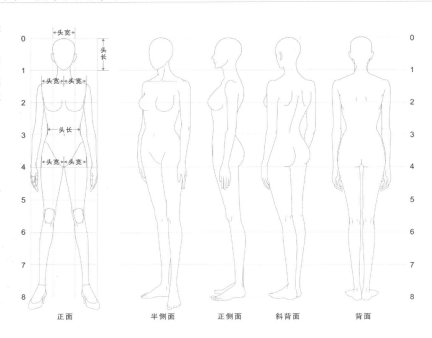

正面　　　半侧面　　　正侧面　　　斜背面　　　背面

2.2.3 男装人体和女装人体的比较

　　男装人体和女装人体的身长比例可以共用，但男装人体比女装人体要宽一些；男装人体四肢强壮且肌肉明显，而女装人体体型苗条且肌肉不明显；男装人体肩宽大于臀宽，而女装人体肩宽几乎与臀同宽，这些都是他们之间较明显的差异。

蓝色的线条为
男性人体

红色的背景为
女性人体

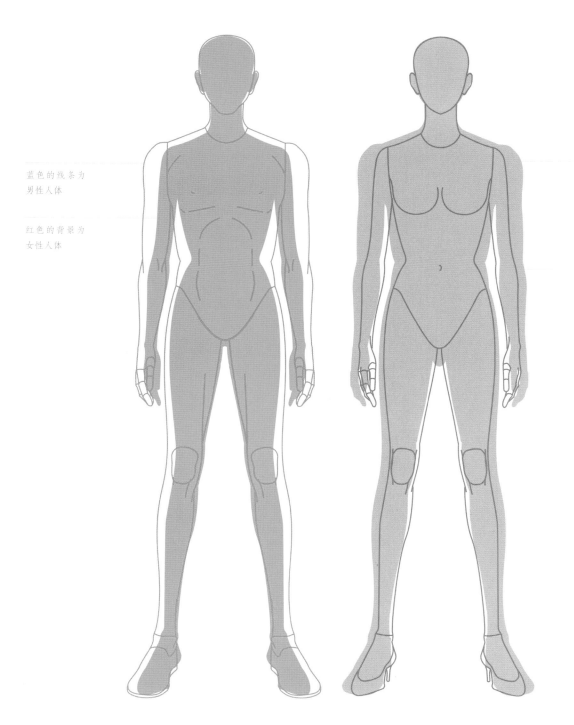

灰色的背景为
男性人体

红色的线条为
女性人体

2.2.4 童装的人体结构比例

小于16岁的孩子都被称为儿童，儿童又可以细分为婴童（0岁~1岁）、幼童（1岁~3岁）、小童（4岁~6岁）、中童（7岁~12岁）和大童（13岁~16岁）。幼童为4个头长、小童为5个头长、中童为6个头长、大童为7个头长。

小童肩宽为1个头长，腰宽略小于1个头长，臀宽略大于1个头长。当手臂自然下垂时，肘关节位与腰部平齐，腕关节位高于胯部，手部中指高于大腿中部。

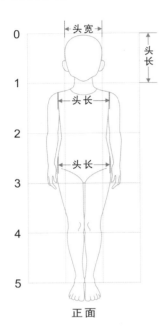

正面

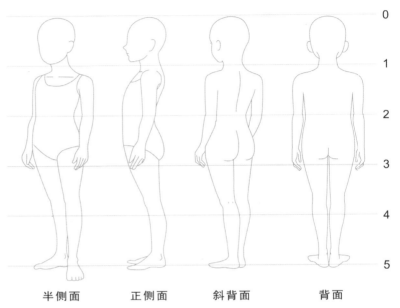

半侧面　　正侧面　　斜背面　　背面

儿童在成长过程中头部的增长是缓慢的，而腿部的增长却很明显且有规律。仔细观察会发现幼童的腿长为1.5个头长，小童的腿长为2个头长，中童的腿长为2.5个头长，大童的腿长为3.5个头长。

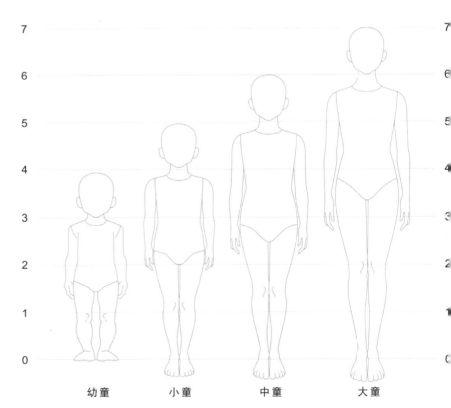

幼童　　小童　　中童　　大童

2.3 人体局部的手绘方法

2.3.1 头部的手绘方法

五官在脸部的位置

美学家用黄金切割法分析人的正面五官比例分布，以"三庭五眼"为修饰标准。

三庭：指脸的长度比例，把脸的长度分为3个等分，分别是从前额发迹线至眉骨，从眉骨至鼻底，从鼻底至下颏，各占脸长1/3。

五眼：指脸的宽度比例，以眼睛长度为单位，把脸的宽度分为5个等份。从左侧发迹至右侧发迹，为五只眼睛的宽度，两只眼睛之间有一只眼睛的间距，两眼外侧至两侧发迹各为一只眼睛的间距，各占比例的1/5。

五眼

三庭

眼睛的手绘方法

眼睛是"心灵之窗",眼睛的变化直接影响要表达的人物内在的情感,也是时装手稿中传达作品独特风格的一种表现。

男性、女性和儿童的眼部的形态特点非常明显,男性的眉毛粗黑,眼眶扁圆,习惯皱着眉头;女性的眉毛纤细而精致,为了使眼睛看上去更大、更美丽,习惯用眉笔修饰眼部;儿童的眉毛淡而短,眼眶接近于正圆形,眼珠几乎占满整个眼眶,习惯把眼睛睁得很大。

男性、女性和儿童的眼睛在手绘中笔触不尽相同,但绘制步骤一样,其步骤大致可以分为4步。

01 画出眼眶的轮廓线,注意区别内眼角与外眼尾斜角的变化。

02 确定眼珠的位置并绘制眼眶的结构,注意眼珠在眼眶内应稍微偏上一点。

03 参照眼睛的位置确定眉毛的位置与形状。

04 刻画眼珠,加黑颜色并留出2~3个反光点,然后加深眼睑线,使其有深度感,接着修饰眉毛,使其符合脸部的形状。

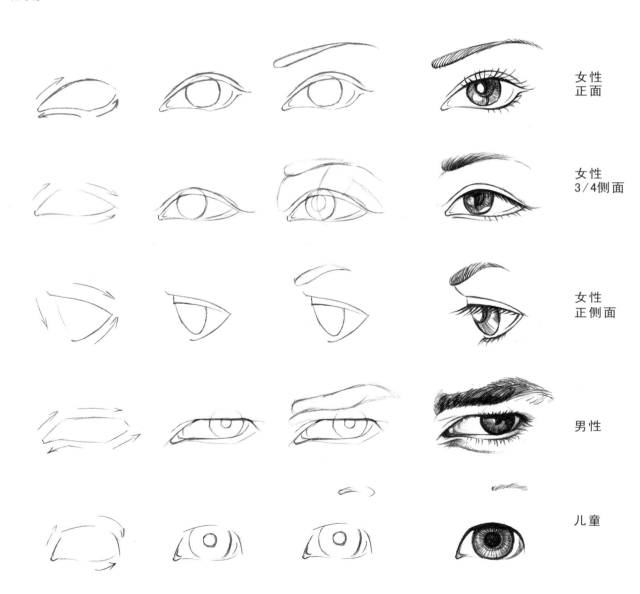

女性
正面

女性
3/4侧面

女性
正侧面

男性

儿童

嘴巴的手绘方法

　　嘴巴上下嘴唇的形状由颌骨及其上面的牙齿所形成的曲面决定，上唇呈扁平状，在中间的弧形凹槽处有明显的转折。

　　男性、女性和儿童的嘴巴在手绘中笔触不尽相同，但绘制步骤一样，其步骤大致可以分为3步。

01　用辅助线确定嘴巴的大小。

02　参照辅助线确定嘴巴外形轮廓。

03　刻画嘴唇和唇裂线等，完善嘴巴形状的绘制。

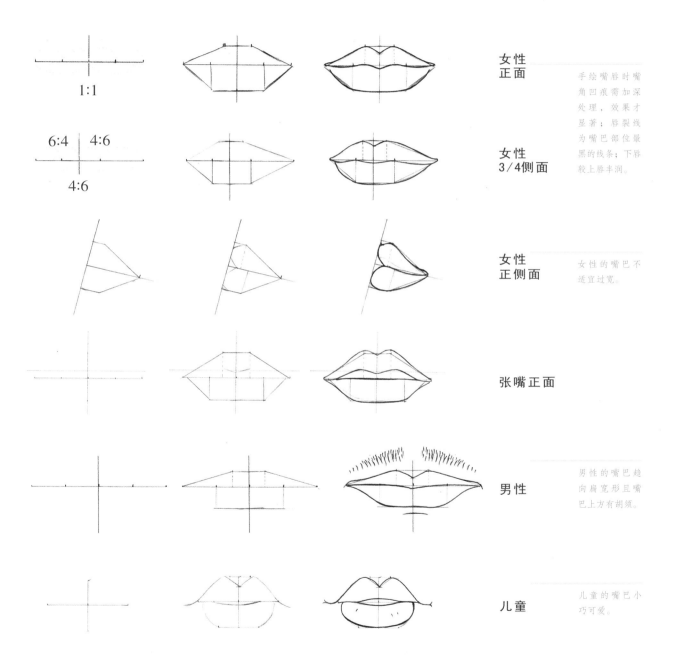

女性
正面

手绘嘴唇时嘴
角凹痕需加深
处理，效果才
显著；唇裂线
为嘴巴部位最
黑的线条；下唇
较上唇丰润。

女性
3/4侧面

女性
正侧面

女性的嘴巴不
适宜过宽。

张嘴正面

男性

男性的嘴巴趋
向扁宽形且嘴
巴上方有胡须。

儿童

儿童的嘴巴小
巧可爱。

鼻子的手绘方法

　　鼻子是由鼻根、鼻梁、鼻尖和鼻翼4部分构成的三角体，鼻翼下为鼻孔。男性的鼻子直挺有型，鼻梁较高；女性的鼻子小巧秀美；儿童的鼻子短而圆。

　　男性、女性和儿童的鼻子在手绘中笔触不尽相同，但绘制步骤是一样的，其步骤大致可以分为两步。

　　01 用辅助线确定鼻子外形和大小。

　　02 参照辅助线描画出鼻根、鼻梁、鼻尖和鼻翼等，并完善鼻子的绘制。

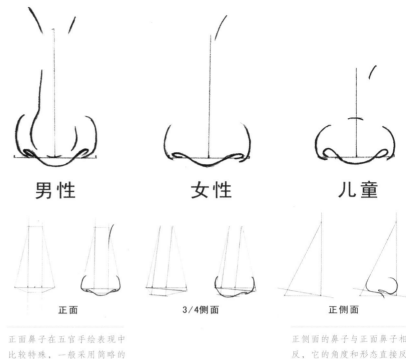

男性　　　　　女性　　　　　儿童

正面　　　　　3/4侧面　　　　　正侧面

正面鼻子在五官手绘表现中比较特殊，一般采用简略的画法，其目的是为了更好地突出眼睛的魅力，所以画鼻子时只表现鼻孔。

正侧面的鼻子与正面鼻子相反，它的角度和形态直接反映脸部的轮廓是否有型。

耳朵的手绘方法

　　耳朵由耳轮、耳丘和耳垂组成，长度大约为一个鼻长，高起眉心，耳根与鼻底齐平，最宽处相当于耳朵长度的一半。由于从正面看不到耳朵的全部，因此在五官造型中比较次要。

　　男性、女性和儿童的耳朵外形区别不大，其绘制步骤大致可以分为两步。

　　01 大致勾勒出耳朵的基本形。

　　02 参照基本形，刻画出耳朵内部结构并完善耳朵的绘制。

正面　　　　　3/4侧面　　　　　正侧面

由于手绘正面头部是以眼睛和嘴巴为主，所以耳朵通常也采用简略的画法，只要概括地将耳轮和耳垂的基本结构表现出来即可。

脸形的手绘方法

在绘制脸形时，需要先了解五官在脸部的位置，然后根据"三庭五眼"的关系来确定脸形的长与宽，完美的正面脸形长和宽比例为6:4。男性和女性的脸形都有直曲之分，人的脸形有7种，即圆形、方形、长形、正三角形、倒三角形、菱形以及椭圆形。

男性、女性和儿童的脸形在手绘中笔触不尽相同，但绘制步骤一样，其步骤大致可以分为3步。

01　借助直尺绘制出等份格，然后用定位点或线确定脸形的长与宽。

02　参照中心线及定位点线，以绘制正圆和椭圆的方式来确定脸部基本型。

03　参照脸部基本型，进一步刻画脸部轮廓并完善脸部的绘制。

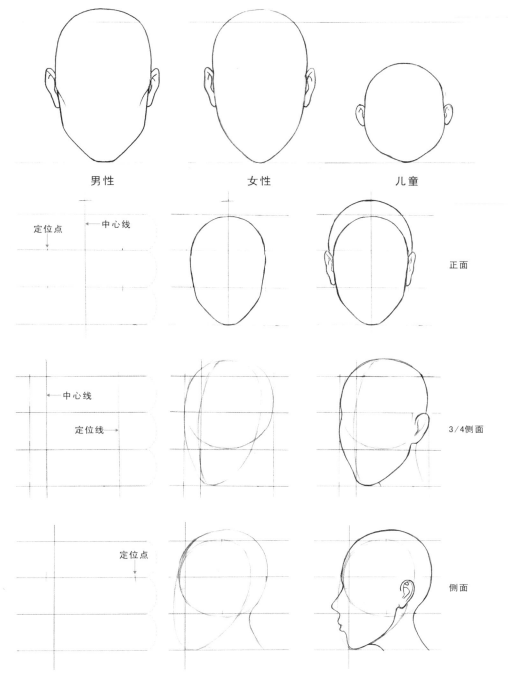

男性　　　　　　　女性　　　　　　　儿童

定位点　←中心线

←中心线

定位线→

定位点

正面

3/4侧面

侧面

男性的脸形偏直线感，女性和儿童的脸形则偏曲线感；下巴变化是区别男性、女性和儿童脸形最好的一种方式，男性下巴较方，女性下巴较尖，儿童下巴短圆。

脸形可以决定一个人的着装风格，不同脸形有不同的服装搭配技巧，而这些技巧也可以很好地运用到服装手稿绘制中。如选择女式职业款为服装手稿主题时，可以采用直线感较强的脸形。

发型的手绘方法

　　脸型和头型是决定发型最重要的因素，而发型由于其可塑性又可以修饰脸型和头型。绘制发型时应以椭圆形头型为参照依据，从而调整头发外形轮廓的不足。

　　男性、女性和儿童的发型在手绘中笔触不尽相同，但绘制步骤一样，其步骤大致可以分为两步。

01　参照头型描绘出发型的基本结构和轮廓。

02　刻画局部并完善发型的绘制。

女性发型变化众多，不同风格的服装应选择不同造型的发型来装扮。如可爱风格的发型选择可爱甜美的服饰搭配，前卫风格的发型则选择个性风格的服装来搭配等，当然在绘制服装手稿时也同样需要考虑发型对服装的影响。

盘发型　　　　蓬松型

短发型　　　　长发型

3/4侧面　　　　正侧面

男性发型清爽有型，儿童发型简洁可爱。分别绘制一款常见的男性和儿童发型，根据不同的服装进行变化搭配。

男性发型

儿童发型

2.3.2 四肢的手绘方法

手部的手绘方法

　　手部是由手掌和手指组成，手的骨骼由腕骨、掌骨和指骨组成，指骨又由基节、中节和末节组成。绘制时应先确定手掌部分，并以体块来划分。掌部体块又可分为两部分，一部分是手背体块，即除拇指以外的掌骨部分，手背体块外形近似于五边形，其背部基本为平面，四指掌骨略有隆起，中指尤为明显；另一部分是包括拇指掌骨、拇指球、拇指和食指间肌的拇指掌骨体块，这个体块外形呈三角形，并有一定的厚度。

　　男性、女性和儿童的手部在手绘中笔触不尽相同，但绘制步骤一样，其步骤大致可以分为两步。

　　01　分析手部的动态，确定手掌和手指部位的基本结构线。

　　02　参照基本结构线，刻画腕部和手指局部并完善手部的绘制。

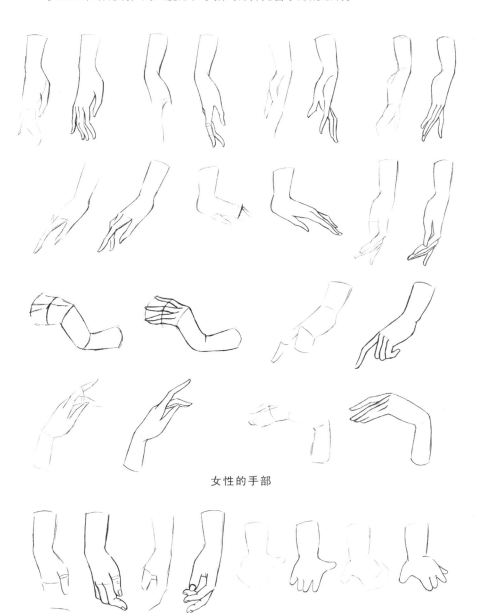

女性手掌相对于男性手掌而言要窄和薄一些，并且手指较细长。

女性的手部

男性手掌较宽厚，手指较粗重；儿童手掌有胖乎乎的感觉，手指较短胖。

男性的手部　　　　　儿童的手部

手臂的手绘方法

手臂是人体各部位中活动范围最大的部位。肩关节是上臂的动作中心点，肘关节是前臂的动作中心点，腕关节则是手的活动中心点。

手臂的外形体块结构、上臂和腕部接近扁方形，手掌向前时两边方形方向基本一致，前臂上部呈圆柱形。在表现手臂时要注意肩关节和肘关节的位置及其透视距离变化。

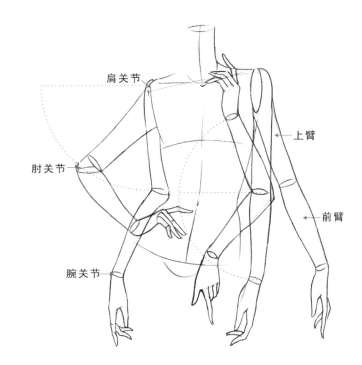

男性、女性和儿童的手臂在手绘中笔触不尽相同，但绘制步骤一样，其步骤大致可以分为3步。

01 用一根线条来确定手臂的动态线及上臂和前臂的长度。

02 参照手臂的动态线，绘制出手臂的基本结构和廓形。

03 参照基本结构和廓形，刻画上臂、前臂和手腕等细节，并完善手臂部位的绘制。

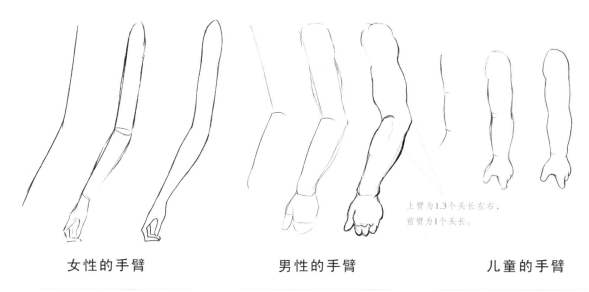

上臂为1.3个头长左右，前臂为1个头长。

女性的手臂   **男性的手臂**   **儿童的手臂**

女性手臂无肌肉感，手臂纤细柔和。

男性手臂肌肉感较强，手臂较粗重。

儿童手臂有胖乎乎的感觉。

脚部的手绘方法

脚部由脚踝、脚跟、脚背和脚趾组成，外形呈前低后高、前宽后窄形，脚背部呈拱形；脚的拇趾较其他四趾灵活且粗大，其他四趾可看成一个独立体块来构图，长度由第二趾向小趾递减，其中小趾向其他脚趾并拢。画脚部的时候应注意内脚踝高于外脚踝，脚外侧的肉垫较丰厚，形成脚部外弧的边缘，使脚的外形饱满而有张力。

男性、女性和儿童的脚部在手绘中笔触不尽相同，但绘制步骤一样，其步骤大致可以分为两步。

01 用几何形确定脚部的基本形和动态。

02 参照脚部的基本形和动态，刻画出脚踝、脚跟、脚背和脚趾等细节，并完善脚部的绘制。

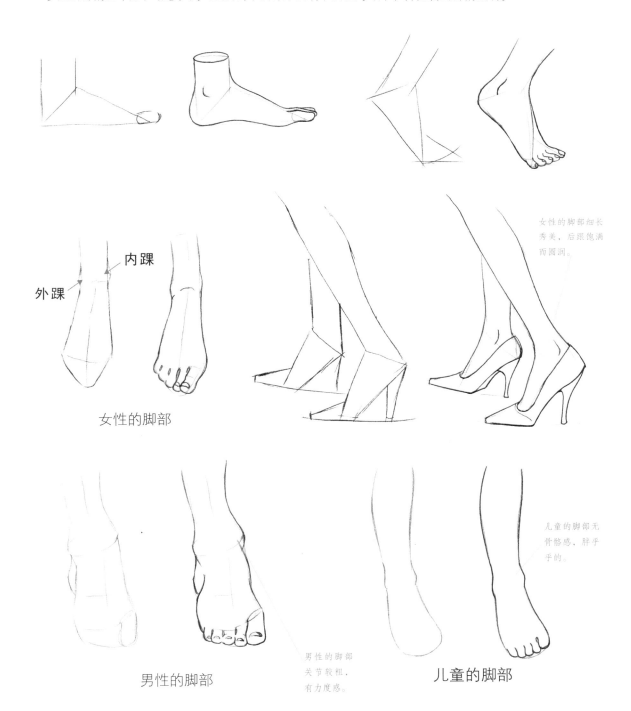

外踝　内踝

女性的脚部

女性的脚部细长秀美，后跟饱满而圆润。

男性的脚部

男性的脚部关节较粗，有力度感。

儿童的脚部

儿童的脚部无骨骼感，胖乎乎的。

腿部的手绘方法

腿部呈上粗下细的圆柱形，由大腿、膝关节和小腿组成。膝关节是影响人体动态和外形的重要支点，并连接大腿和小腿进行弯曲运动。人体动态重心稳不稳，腿部起着决定性的作用。通常先绘制重心腿（重心腿是支撑身体的腿），再绘画另外一条腿（姿态腿），重心腿定位后，姿态腿可以随意变化摆放姿态。

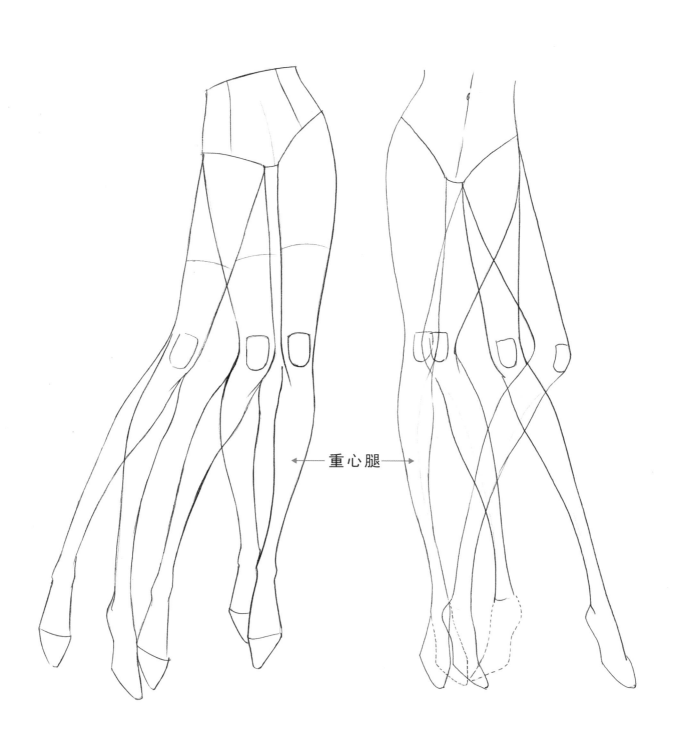

重心腿

男性、女性和儿童的腿部在手绘中笔触不尽相同，但绘制步骤一样，其步骤大致可以分为3步。

01　用直线确定腿部的长度和动态线。

02　参照腿部的动态线，确定腿部的基本形。

03　参照腿部的基本形，刻画出大腿、膝关节和小腿等，并完善腿部的绘制。

女性的腿部细长秀美，有曲线感。

女性的腿部

男性的腿部粗壮，有肌肉感。

儿童的腿部圆滑，有胖乎乎的感觉。

男性的腿部

儿童的腿部

2.4 男性、女性和儿童人体的手绘方法

2.4.1 男性人体的手绘方法

正面人体

01 用铅笔在画面上轻轻点出9个等分的标记点，然后参照标记等分点，绘制出头、脖子、肩宽线和人体动态线。

02 参照肩宽线和等分标记点，绘制出胸线、腰线和胯部线，然后把胸腔看成是一个倒梯形，胯部看成是一个正梯形，完成人体身体部位的绘制。

03 参照等分标记点和重心标记点绘制出腿部和脚部结构，完成人体下身部位的绘制。

04 参照腰部、胯部和大腿中部，完成人体手臂和手的绘制。

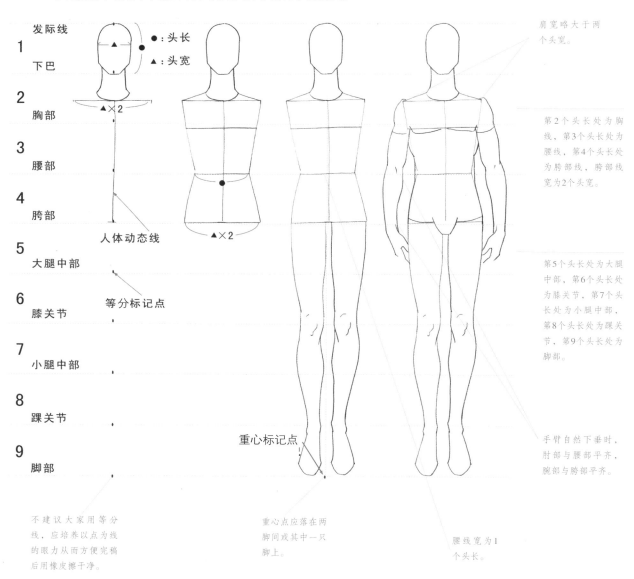

发际线

1

下巴

2

胸部

3

腰部

4

胯部

5

大腿中部

6

膝关节

7

小腿中部

8

踝关节

9

脚部

● ：头长
▲ ：头宽

▲×2

人体动态线

等分标记点

▲×2

重心标记点

肩宽略大于两个头宽。

第2个头长处为胸线，第3个头长处为腰线，第4个头长处为胯部线，胯部线宽为2个头宽。

第5个头长处为大腿中部，第6个头长处为膝关节，第7个头长处为小腿中部，第8个头长处为踝关节，第9个头长处为脚部。

手臂自然下垂时，肘部与腰部平齐，腕部与胯部平齐。

不建议大家用等分线，应培养以点为线的眼力从而方便完稿后用橡皮擦干净。

重心点应落在两脚间或其中一只脚上。

腰线宽为1个头长。

3/4侧面人体

01　用铅笔在画面上轻轻点出9个等分的标记点，然后参照标记等分点，绘制出头、脖子、肩宽线和人体动态线。

02　参照肩宽线和等分标记点，绘制出腰线和胯部线，然后把胸腔看成是一个倒梯形，胯部看成是一个正梯形，完成人体身体部位的绘制。

03　参照等分标记点和重心标记点绘制出腿部和脚部结构，完成人体下身部位的绘制。

04　参照腰部、胯部和大腿中部，完成人体手臂和手的绘制。

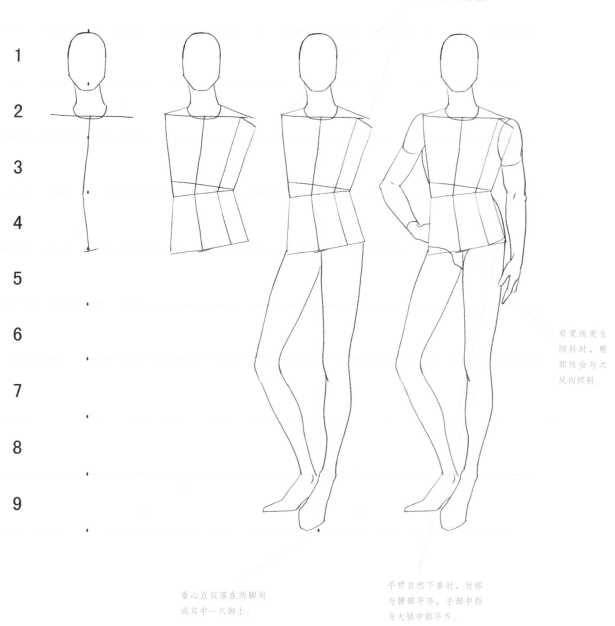

由于透视变化，肩宽略小于正面人体的肩宽。

肩宽线发生倾斜时，胯部线会与之反向倾斜。

重心点应落在两脚间或其中一只脚上。

手臂自然下垂时，肘部与腰部平齐，手部中指与大腿中部平齐。

正侧面人体

01　用铅笔在画面上轻轻点出9个等分的标记点，然后参照标记等分点，绘制出头、脖子、肩宽线和人体动态线。

02　参照肩宽线和等分标记点，绘制出胸线、腰线和胯部线，然后把胸腔看成是一个倒梯形，胯部看成是一个正梯形，完成人体身体部位的绘制。

03　参照等分标记点和重心标记点绘制出腿部、脚部结构，完成人体下身部位的绘制。

04　参照腰部、胯部和大腿中部，完成人体手臂和手的绘制。

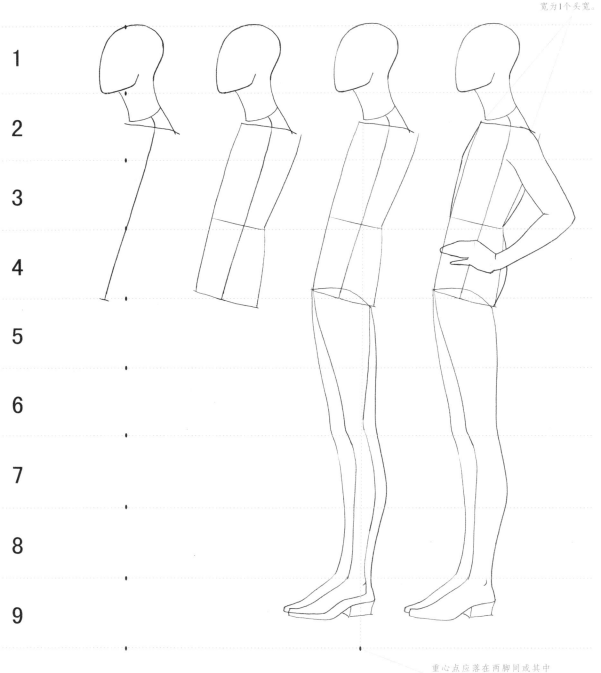

由于动态变化，肩宽为1个头宽。

重心点应落在两脚间或其中一只脚上。

2.4.2 女性人体的手绘方法

正面人体

01 用铅笔在画面上轻轻点出9个等分的标记点，然后参照标记等分点，绘制出头、脖子、肩宽线和人体动态线。

02 参照肩宽线和等分标记点，绘制出胸线、胸底线、腰线和胯部线，然后把胸腔看成是一个倒梯形，胯部看成是一个正梯形，完成人体身体部位的绘制。

03 参照等分标记点和重心标记点绘制出腿部和脚部结构，完成人体下身部位的绘制。

04 参照腰部、胯部、大腿中部，完成人体手臂和手的绘制。

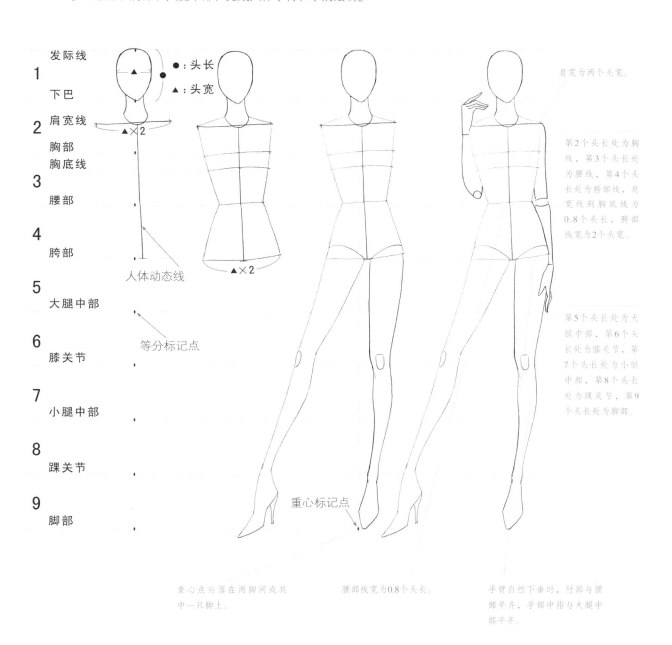

第2个头长处为胸线，第3个头长处为腰线，第4个头长处为胯部线，肩宽线到胸底线为0.8个头长，胯部线宽为2个头宽。

第5个头长处为大腿中部，第6个头长处为膝关节，第7个头长处为小腿中部，第8个头长处为踝关节，第9个头长处为脚部。

重心点应落在两脚间或其中一只脚上。

腰部线宽为0.8个头长。

手臂自然下垂时，肘部与腰部平齐，手部中指与大腿中部平齐。

3/4侧面人体

01 用铅笔在画面上轻轻点出9个等分的标记点，然后参照标记等分点，绘制出头、脖子、肩宽线和人体动态线。

02 参照肩宽线和等分标记点，绘制出胸线、胸底线、腰线和胯部线，然后把胸腔看成是一个倒梯形，胯部看成是一个正梯形，完成人体身体部位的绘制。

03 参照等分标记点和重心标记点绘制出腿部和脚部结构，完成人体下身部位的绘制。

04 参照腰部、胯部和大腿中部，完成人体手臂和手的绘制。

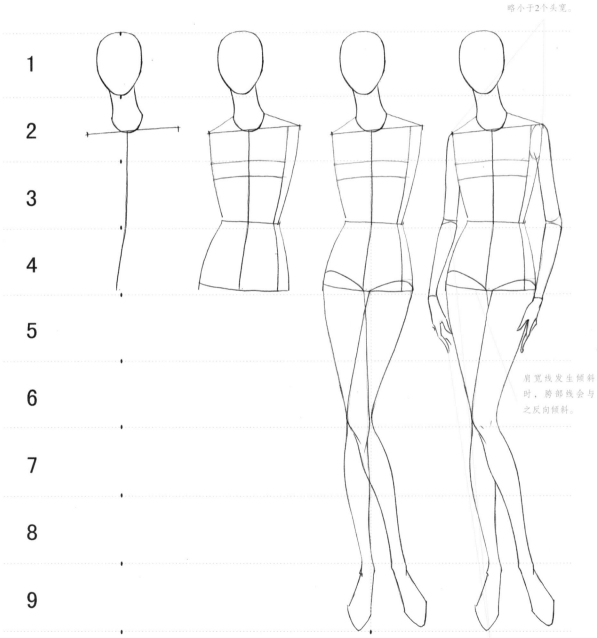

由于透视变化，肩宽略小于2个头宽。

肩宽线发生倾斜时，胯部线会与之反向倾斜。

手臂自然下垂时，肘部与腰部平齐，手部中指与大腿中部平齐。

正侧面人体

01　用铅笔在画面上轻轻点出9个等分的记点，然后参照标记等分点，绘制出头、脖子、肩宽线和人体动态线。

02　参照肩宽线和等分标记点，绘制出胸线、胸底线、腰线和胯部线，然后把胸腔看成是一个倒梯形，胯部看成是一个正梯形，完成人体身体部位的绘制。

03　参照等分标记点和重心标记点绘制出腿部和脚部结构，完成人体下身部位的绘制。

04　参照腰部、胯部和大腿中部，完成人体手臂和手的绘制。

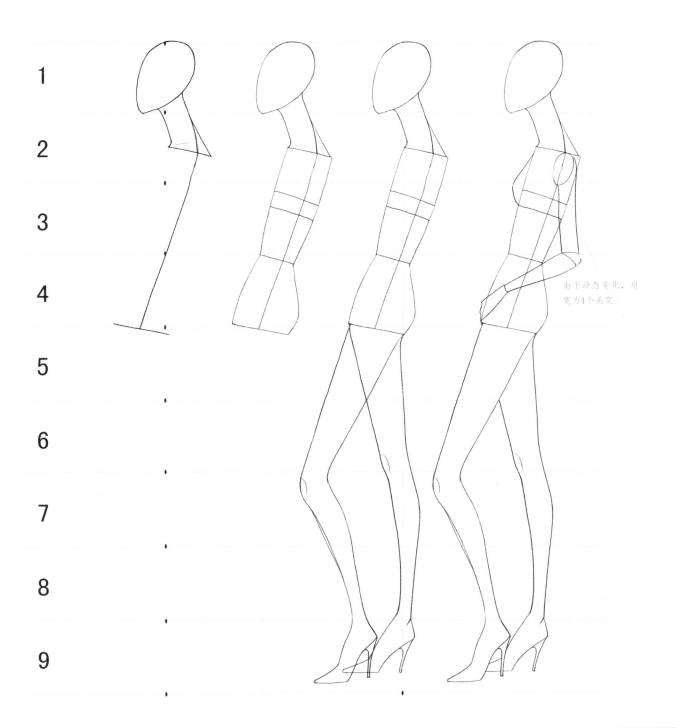

由于动态变化，肩宽为1个头宽。

2.4.3 儿童人体的手绘方法

正面人体（幼童）

01 用铅笔在画面上轻轻点出4个等分的标记点，然后参照标记等分点，绘制出头、脖子、肩宽线和人体动态线。

02 参照肩宽线和等分标记点，绘制出腰线和胯部线，然后把胸腔看成是一个倒梯形，胯部看成是一个正梯形，完成人体身体部位的绘制。

03 参照等分标记点和重心标记点绘制出腿部和脚部结构，完成人体下身部位的绘制。

04 参照腰部、胯部和大腿中部，完成人体手臂和手的绘制。

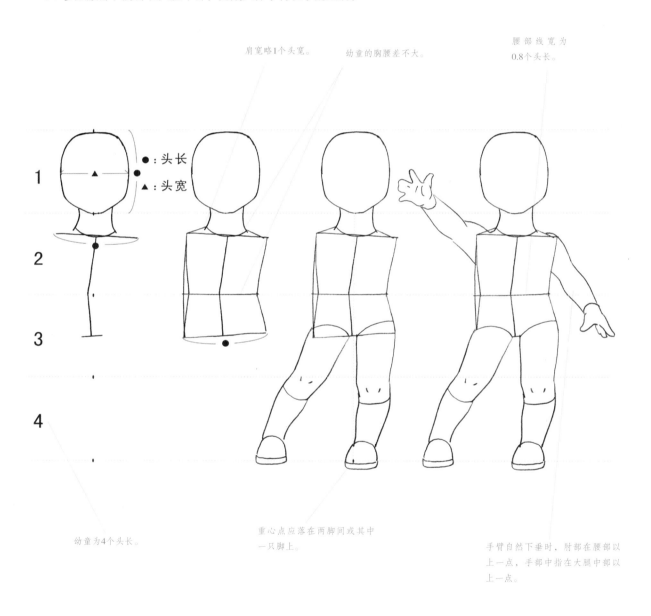

肩宽略1个头宽。

幼童的胸腰差不大。

腰部线宽为0.8个头长。

幼童为4个头长。

重心点应落在两脚间或其中一只脚上。

手臂自然下垂时，肘部在腰部以上一点，手部中指在大腿中部以上一点。

3/4侧面人体（小童）

01 用铅笔在画面上轻轻点出5个等分标记点，然后参照标记等分点，绘制出头、脖子、肩宽线和人体动态线。

02 参照肩宽线和等分标记点，绘制出腰线和胯部线，然后把胸腔看成是一个倒梯形，胯部看成是一个正梯形，完成人体身体部位的绘制。

03 参照等分标记点和重心标记点绘制出腿部和脚部结构，完成人体下身部位的绘制。

04 参照腰部、胯部和大腿中部，完成人体手臂和手的绘制。

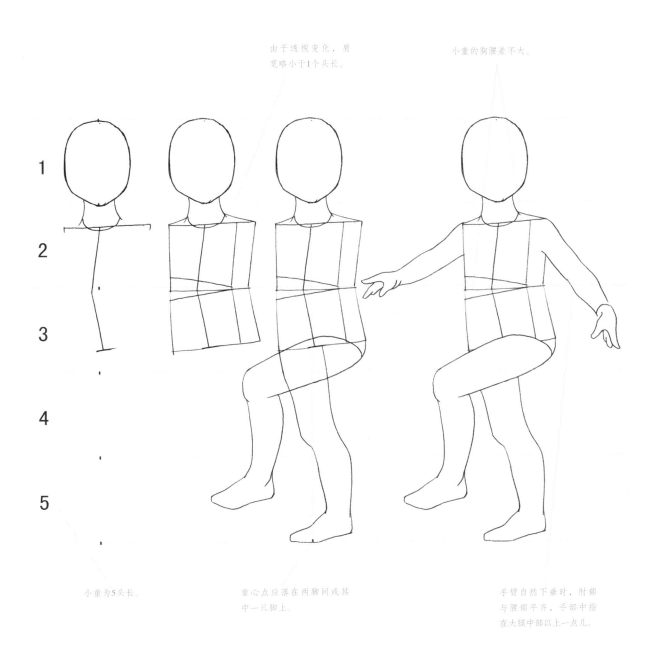

由于透视变化，肩宽略小于1个头长。

小童的胸腰差不大。

小童为5头长。

重心点应落在两脚间或其中一只脚上。

手臂自然下垂时，肘部与腰部平齐，手部中指在大腿中部以上一点儿。

正侧面人体（大童）

01 用铅笔在画面上轻轻点出7个等分标记点，然后参照标记等分点，绘制出头、脖子、肩宽线和人体动态线。

02 参照肩宽线和等分标记点，绘制出腰线和胯部线，然后把胸腔看成是一个倒梯形，胯部看成是一个正梯形，完成人体身体部位的绘制。

03 参照等分标记点和重心标记点绘制出腿部和脚部结构，完成人体下身部位的绘制。

04 参照腰部、胯部和大腿中部，完成人体手臂和手的绘制。

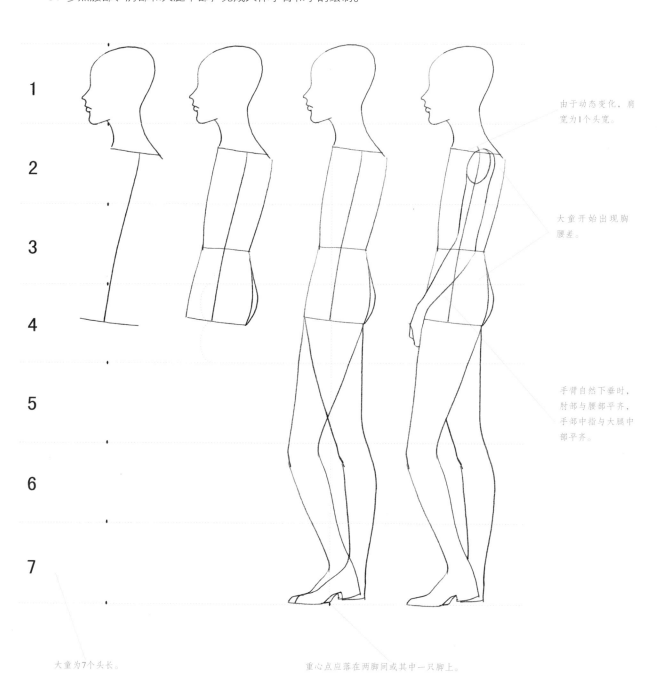

由于动态变化，肩宽为1个头宽。

大童开始出现胸腰差。

手臂自然下垂时，肘部与腰部平齐，手部中指与大腿中部平齐。

大童为7个头长。

重心点应落在两脚间或其中一只脚上。

2.5 人体动态变化的规律

　　人体的肩线、胸线、腰线和胯部线是人体动态变化的主要依据；人体重心线则是人体动态平衡的主要依据。不管动态如何变化，都可以先确定一条重心腿，一般以胯部线上提的方向为依据来确定重心腿落在哪条腿上。重心腿可以在确定动态平衡的状态下保持不变，另一条腿（姿态腿）可以随意变换姿态；手臂动态是为了配合腿部动态的变化，起到平衡动态重心与丰富动态的作用，通常手臂叉腰动态会出现在胯部线上提的一边；头部动态变化适合各种人体动态表现，可以使人体更加生动。

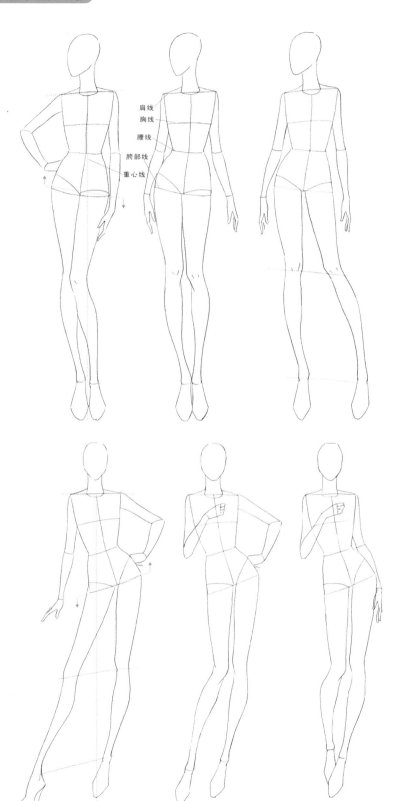

肩线
胸线
腰线
胯部线
重心线

2.6 服装着装的人体动态选择

由于不同服装有着不同的款式特征，所以需要选择不同的人体动态来表现服装手稿。如表达蝙蝠袖与V字款时可以选择手臂张开的人体动态，表达A字款与裤装时可以选择腿部张开的人体动态，表达礼服时可以选择优雅的人体动态等。下面就一些常见的款式特征做一个人体动态着装图例分析，这样便可以看出哪种人体动态适合哪些服装款式。

2.6.1 蝙蝠衫的人体动态选择

由于"蝙蝠衫"主要是突出服装的袖形特征，在画服装手稿表现时需充分展现袖形的变化，所以在人体选择时，以手臂张开上扬的动态较为合适。

2.6.2 A字款的人体动态选择

　　由于"A字款"主要是突出服装的廓形特征，在画服装手稿表现时需充分展现上小下大的廓形变化，所以在人体选择时，以腿部张开的动态为宜。

　　"A字款"属于活泼、可爱型的风格，为充分体现服装的特征，也应选择活泼一些的人体动态来表现服装手稿。

2.6.3 V字款的人体动态选择

　　由于"V字款"主要是突出服装的廓形特征，在画服装手稿表现时需充分展现上大下小的廓形变化，所以在人体选择时，以手臂张开及腿部并拢的动态较为合适。

时装设计效果图手绘表现技法

2.6.4 长裤装的人体动态选择

由于"长裤装"主要是突出裤装的廓形特征，在画服装手稿表现时需充分展现两条裤腿的廓形变化，所以在人体选择时，以腿部微微张开的动态较为合适。

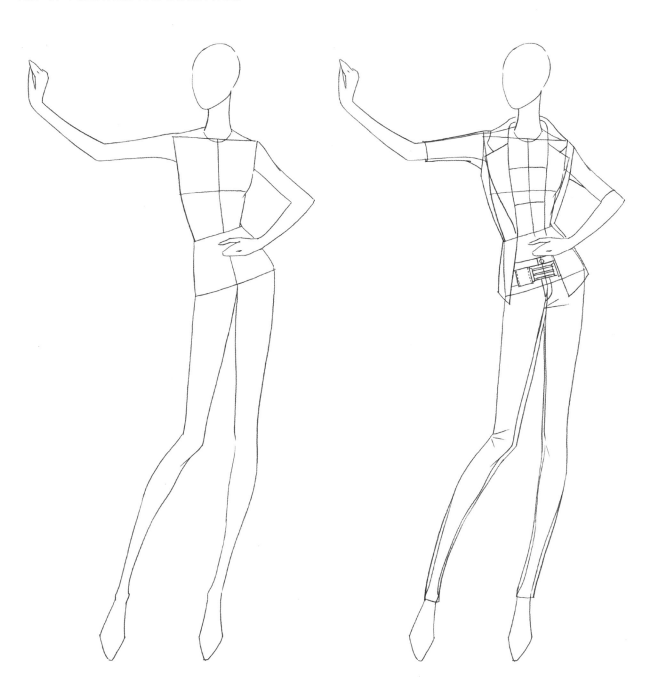

第3章

服装手稿款式图绘制基础

　　在进行具体的服装款式图绘制之前，非常有必要对服装款式的绘制方法和在绘制过程中需要注意的问题进行认真地学习和研究，这样才能做到事半功倍，胸有成竹。

3.1 心野母型的原理与常见的服装款式图手绘方法

3.1.1 心野母型的原理

"心野母型"是以标准的服装立体裁剪人台为原型，运用立裁标记线贴法得到领、胸、腰和臀围线点位，然后依据其点位数据加以修正出来的。"心野母型"既实用又快捷，是服装设计师们在工作中一种常用的绘制款式图的方法，使用它能快速准确地控制好服装款式图比例及各部位尺寸。

心野母型上装的原理

01 以标准的84A立体人台（上装）为基本型，绘制出人台外廓形。

02 运用立体裁剪标记线的制作方法得到前后中心线、胸围线、腰围线、臀围线、领圈弧线和公主线。

03 依据身高160 cm的女性人体得到背长（后领线到腰围线的长度）为37 cm，后领线到臀围线的长度为55 cm。

04 依据人台上的标记线得到颈肩点位、胸围线点位、腰围线点位和臀围线点位。

05 依据各点位和人台的外廓形得到"心野母型（上装）"，然后测量"心野母型（上装）"数据得到1:1比例的制图方法。

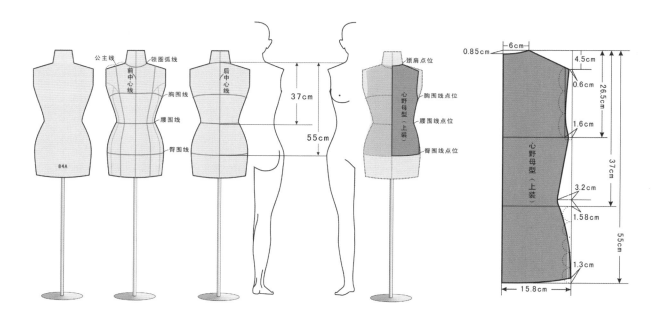

心野母型下装的原理

01　以标准的84A立体人台（下装）为基本型，绘制出人台外廓形。

02　运用立体裁剪标记线的制作方法得到腰围线和臀围线。

03　依据身高160 cm的女性人体得到腰围线到臀围线的长度为18 cm，裤长（腰围线到脚口的长度）为96 cm。

04　依据人台上的标记得到腰围线点位和臀围线点位。

05　依据各点位和人台的外廓形得到"心野母型（下装）"，然后测量"心野母型（下装）"数据得到1:1比例的制图方法。

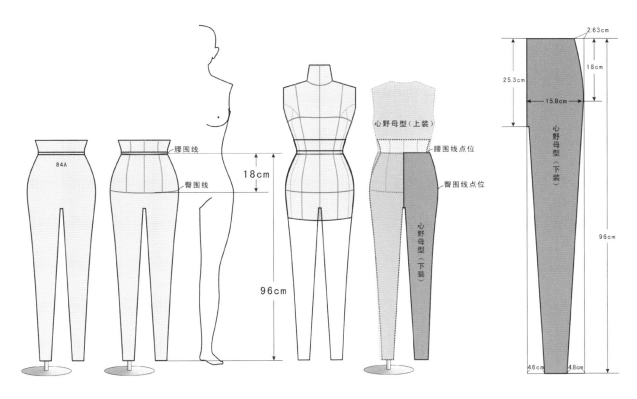

心野母型下装的变化原理

因为有些裤型比较活泼，所以需要将"心野母型（下装）"两脚口间的距离扩大，其展开步骤如下。

01　从臀围线点位向裤裆点位剪开。

02　以裤裆点位为中心向左旋转适合大小的量。

03　补齐并修顺臀围线点位处的线形，得到"心野母型（下装）"变化型。

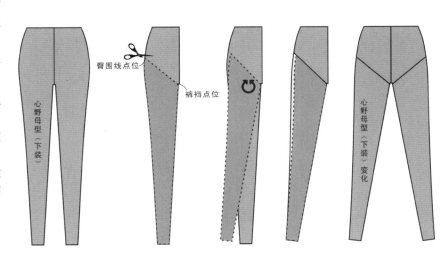

心野母型模板数据展示

下方左图为"心野母型"1:1比例数据，右图为作者示范所用的等比例缩小数据。

"心野母型"女上装模板数据

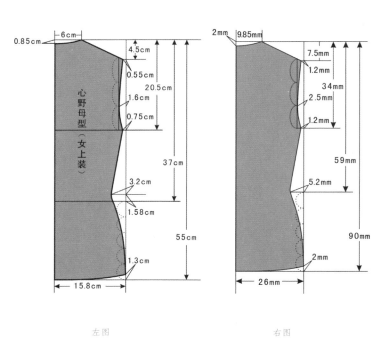

左图　　　　　右图

"心野母型"女下装模板数据

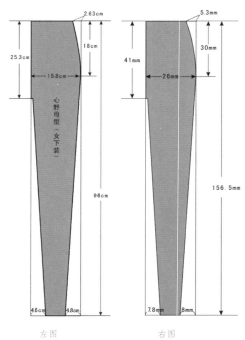

左图　　　　右图

"心野母型"男上装模板数据

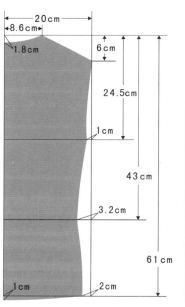
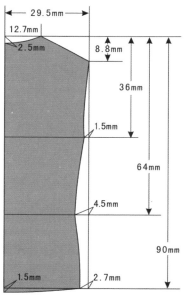

左图　　　　　右图

"心野母型"男下装模板数据

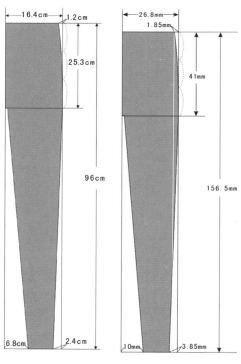

左图　　　　右图

3.1.2 服装公司款式图常见的手绘方法

心野母型模板的手绘方法

01 在A4纸上按适合比例绘制出"心野母型"模板，然后将A4纸上的"心野母型"对折后用剪刀剪下来。

02 将A4纸剪下来的"心野母型"用双面胶或透明胶粘贴在塑料复写板上。

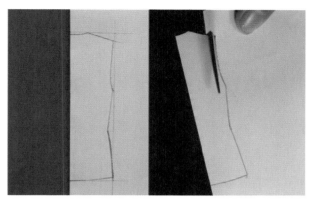

03 用剪刀顺着粘贴在塑料复写板上的"心野母型"外形剪下，得到"心野母型"塑料模板。

04 在A4纸上将"心野母型"模板摆放在适当位置，然后用自动铅笔轻轻地沿模板外轮廓画一圈，将"心野母型"的外轮廓复制在A4纸上。

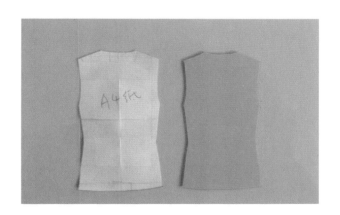

05 在已经复制好的"心野母型"外轮廓的基础上，依据其领围线、胸围线、腰围线和臀围线的点位绘制款式图。

TIPS

优点：初学者上手快，能快速有效地控制好服装比例及各部位尺寸，是服装设计师们最为常用的一种服装款式图手绘方法。

缺点：在使用不同规格尺寸的纸张时，需制作相应比例尺寸的模板来绘制。

建议："心野母型"模板还可以延伸出不同廓形的模板来，如裤子可以在"心野母型"模板的基础上，修改成紧身型的打底裤模板或锥形的哈伦裤模板等。

时装设计效果图手绘表现技法

标准人体或标准人台的手绘方法

01 将"标准人体"或"标准人台"按适当比例预先打印在A4纸上，然后在复印机上选择低质量，并复印多张备用。

可以用电脑绘图软件将人体或人台线条调整为较淡的灰色直接在A4纸上打印多份。

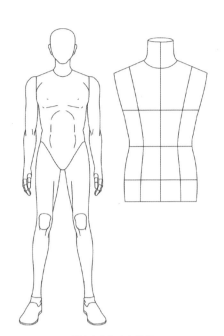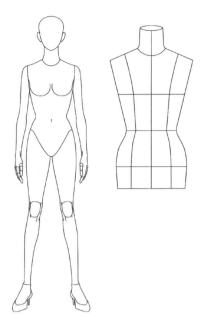

男性人体和人台模板　　　　　女性人体和人台模板

02 参照A4纸上复印出来的"标准人体"和"标准人台"，依据人体各部位点来绘制服装款式图。

具体绘制步骤请参考下一章中"心野母型"手绘方法在女装款式图上的运用，只需要把"心野母型"替换成人体或人台用。

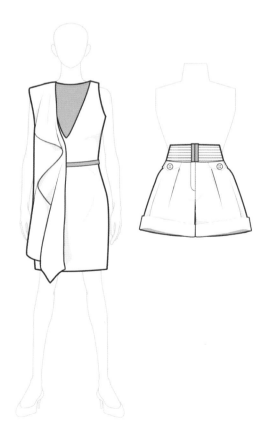

TIPS

优点：可以看到人体着装后的服装款式图效果，能快速有效地控制好服装比例及各部位尺寸，也是服装设计师们常用的一种服装款式图手绘方法。

缺点：需预先将人体或人台线稿打印在A4纸上，在使用不同规格尺寸的纸张时，需打印相应比例尺寸的人体或人台来绘制。

建议：在绘制"标准人体"或"标准人台"线稿时，可以直接复制本节中的人体或人台模板。

肩宽比例的手绘方法

　　"肩宽比例"法即用肩宽作为测量服装长度的单位。这是一种用来掌握服装款式比例的绘制方法，常见于童装款式图手绘中。通过图例可以得出童装人体的着装肩宽比例为幼童2.5个肩宽、小童3个肩宽、中童3.5个肩宽和大童4个肩宽；其上身比例为幼童1:1.3个肩宽、小童1:1.4个肩宽、中童1:1.5个肩宽和大童1:1.6个肩宽；下身比例为幼童1:1.8个肩宽、小童1:2.3个肩宽、中童1:2.5个肩宽和大童1:3个肩宽。

童装人体的着装肩宽比例图

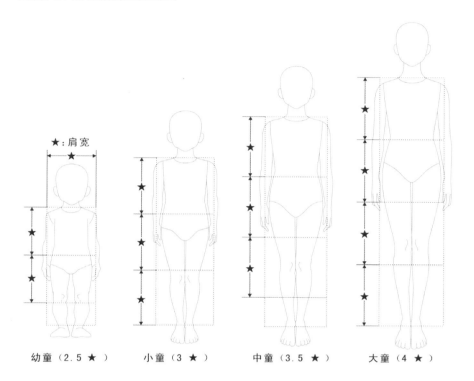

幼童（2.5 ★） 　　小童（3 ★） 　　中童（3.5 ★） 　　大童（4 ★）

童装人体的上装肩宽比例图

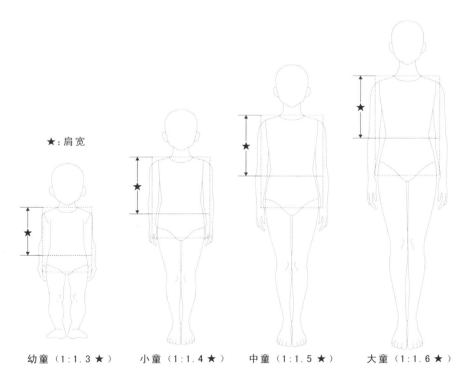

幼童（1:1.3 ★） 　　小童（1:1.4 ★） 　　中童（1:1.5 ★） 　　大童（1:1.6 ★）

童装人体的下装肩宽比例图

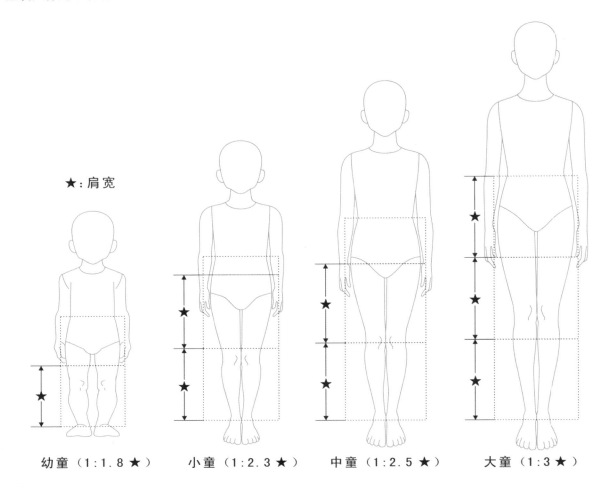

★：肩宽

幼童（1∶1.8 ★）　　小童（1∶2.3 ★）　　中童（1∶2.5 ★）　　大童（1∶3 ★）

以幼童上身款式为例的手绘方法

01　画出肩宽线（作者示范为5cm），然后在其中心点位置以肩宽线1.3倍的数值画出衣长线。

02　参照肩宽线和衣长线绘制服装款式图。

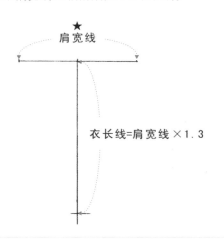

★
肩宽线

衣长线=肩宽线×1.3

小童以肩宽线1.4倍数值画衣长线、中童以肩宽线1.5倍数值画衣长线、大童以肩宽线1.6倍数值画衣长线。

"肩宽比例"手绘方法的优点和具体绘制步骤请参考下个章节："肩宽比例"手绘方法在童装款式图上的运用。

3.2 手绘服装款式图需要注意的问题

3.2.1 比例协调

在服装款式图的绘制中首先应注意服装外形及服装细节的比例关系，如服装领宽与肩宽和袖长与衣长之间的比例等。

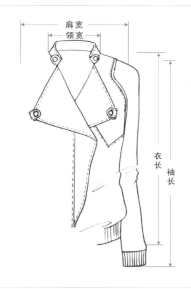

运用"心野母型"可以较好地控制各部位的比例点

3.2.2 线型准确

直曲线

服装廓形和结构线都有直曲线之分，直线可以借助直尺来完成，曲线则需要一笔到位流畅绘制。

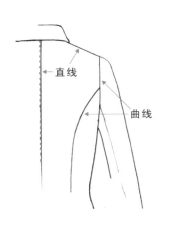

粗细线

服装结构有外廓形线和内部结构线之分，一般外廓形线比内部结构线要粗，内部结构线比衣纹线要粗。冬款面料较厚重也可以采用粗细线的画法，来更好地体现服装的质感。

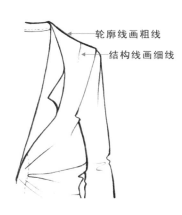

轮廓线画粗线
结构线画细线

虚实线

服装细节有结构线和缝合线等，一般结构线用实线来表现，缝合线用虚线来表现。

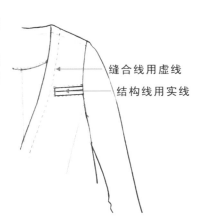

缝合线用虚线
结构线用实线

轻重线

为了拉开服装的外廓形线、内部结构线和衣纹线之间的关系，一般外廓形线画的最重，衣纹线画的最轻。

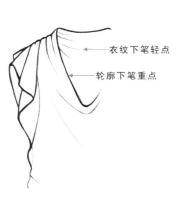

衣纹下笔轻点
轮廓下笔重点

3.2.3 干净清晰

认真检查所绘制的款式图，擦干净不需要的线条，填补不清晰的线条。如铅笔线稿不够清晰，可以用中性水笔重复勾勒。

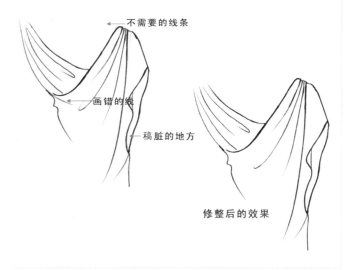

3.2.4 喜好偏差

由于不同服装品牌所定位取向不同，使得绘制款式图也会各有喜好偏差（如有些喜欢将肩斜度画的较大，有些喜欢将肩宽画的较窄，有些喜欢将裤长画的较长，有些喜欢画的比较随性，有些则追求规范……），但只要是在公司允许的范围内不影响生产就没有问题，当然作为初学者还是先打好基本功，尽量不要做夸张处理。

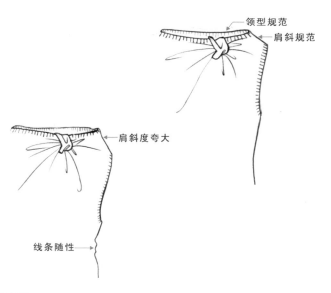

3.2.5 细节放大图

主款式图无法将款式细节交代清楚时，需要将该细节做放大图处理，如能在主图页绘制，需要将细节大图绘制在与该细节接近的地方；如不能在主图页绘制，可以注明另起一页作详细的放大绘制图。

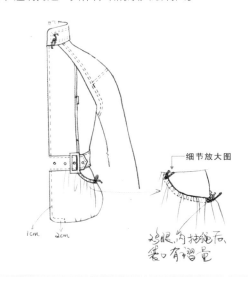

3.2.6 标注详细

在服装款式图绘制完成后，为了能有效地向设计总监、制板师和样衣师传达服装设计意图，应标出必要的文字说明，其内容包括部位尺寸（如袖口宽、衣长和领片大小等）和工艺要求（如分开缝的宽度、印花的位置和特殊工艺要求等），如有需要可以在服装款式图旁边附上面辅料小样（如AB面料、扣子、花边以及骨线等）。

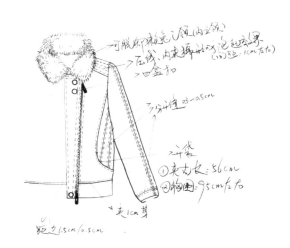

第4章

服装款式图手绘方法

　　服装款式分类较多，有性别、年龄、风格、季节和品种等，因此需要对各类款式都进行绘制练习，方可熟能生巧。在绘制前可以将服装平铺在桌面上，分析平面的效果；在绘制过程中一般都会适当收窄宽度，保持长度比例。

4.1 心野母型内衣款式图手绘方法

4.1.1 内衣款式的基础知识

学习内衣款式图的手绘方法之前，需要先对内衣有一个基本的认识，这样才能手绘出标准的内衣款式图。内衣的分类包括文胸、内裤、睡衣、塑身衣、保暖衣和泳衣等，本节主要讲解文胸和内裤款式图的手绘方法。内衣在汉代被称为"心衣"，在两晋称为"两裆"，在唐朝称"内中和亵衣"，在宋代叫"抹胸"，在明朝称为"主腰"，在清朝则被称为"肚兜"。现代的女性内衣包括遮蔽及保护乳房的文胸（胸罩）及保护下体的内裤，男性则指内裤。

文胸的结构

后比： 帮助罩杯承托起胸部并固定文胸的位置，一般使用弹性强度大的材料。

钢圈： 一般是金属的，环绕乳房半周，有支撑和改善乳房形状并定位的作用。

侧比： 文胸的侧部，起到定型的作用。

杯位： 分为上托和下托，是文胸最重要的部分，有保护双乳，改善外观的作用。

饰扣： 起装饰点缀作用。

鸡心： 文胸的正中间部位，起定型作用。

下扒： 支撑碗部，以防乳房下垂，并可将多余的赘肉慢慢移入乳房。

肩带： 可以进行长度调节，利用肩膀吊住罩杯，起到承托作用。

比弯： 靠近手臂的位置，起固定支撑收集副乳的作用。

肩扣： 分为圈扣和调节扣（圈扣是连接肩带与文胸的金属环，也叫"O"形扣，调节扣起调节肩带长度的作用，一般为08扣或89扣配套使用）。

后背钩： 可以根据下胸围的尺寸进行调节，一般有3排扣可供选择。

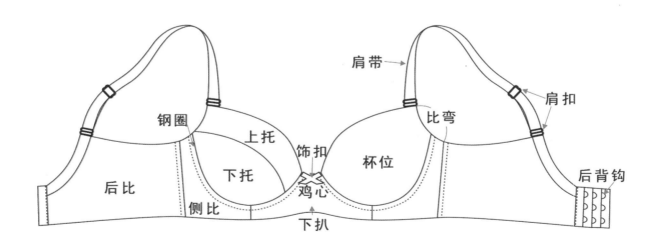

文胸的罩杯分类

4/4全罩文胸： 包容性、稳定性及承托归拢效果更好，可令胸部外观更挺拔而不臃肿，适合乳房丰满的女性穿着。

3/4罩杯文胸： 主要是聚胸（集中）作用，包容效果适中、聚拢效果好，适合大多数女性穿着。

1/2罩杯文胸： 具有良好的抬托胸部作用，使胸部看来更浑圆，适合乳房娇小的女性穿着。

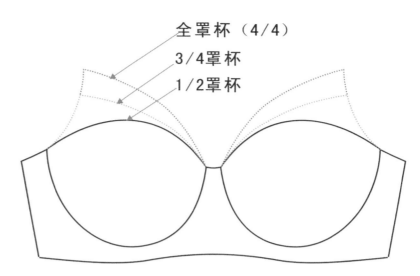

全罩杯（4/4）
3/4罩杯
1/2罩杯

内裤的腰位分类

高腰型： 腰线高度平于或高于肚脐，有很好的收腰效果，适合腰部曲线感不强的女性穿着。

中腰型： 腰线高度在肚脐以下8cm内，也有较好的收腰效果，适合大多数女性穿着。

低腰型： 腰线高度低于肚脐8cm以下，适合腹部较平滑的女性穿着。

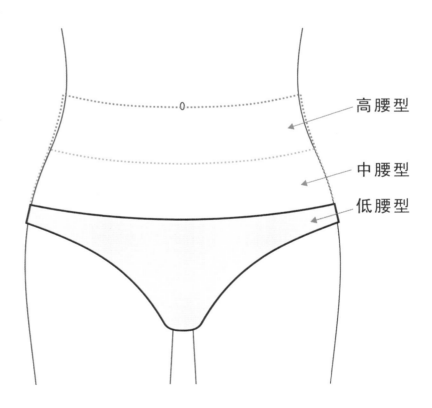

高腰型
中腰型
低腰型

4.1.2 文胸款式图的手绘方法

三角杯文胸的手绘方法

杯型：三角杯	功能：侧挂钩、隆胸	适合胸型：胸型娇小
薄厚：薄型	肩带：可拆卸挂脖式肩带	罩杯材质：模杯
搭扣：前系扣	钢圈：无	款式细节：印花图案

01 在空白A4纸上，将"心野母型"女上装模板摆放在适当位置，然后用自动铅笔轻轻的沿模板外轮廓画一圈，将"心野母型"的外轮廓勾勒在A4纸上。

02 在已勾勒好的"心野母型"女上装外轮廓的基础上，确定中心对称线、胸围线、罩杯定位线和文胸底位线的位置。

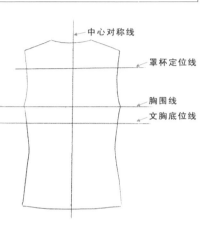

03 参照罩杯定位线、文胸底位线的位置绘制出罩杯的形状，完成左右杯位的绘制。

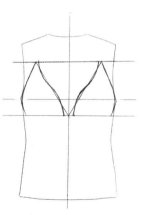

04 参照文胸底位线的位置绘制出底部线形，完成底部线形的绘制。

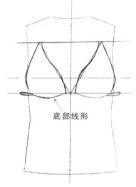

底部线形

05 参照"心野母型"的领肩点位绘制出肩带，完成肩带部位的绘制。

领肩点位

06 绘制内部结构线与印花图案，完成内部结构的绘制。

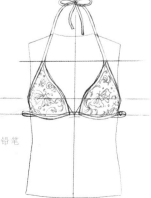

检查并完善文胸的铅笔线稿绘制。

07 用水性笔将文胸的铅笔线稿勾勒出来，然后将铅笔线稿用橡皮擦干净，完成文胸款式图的手稿绘制。

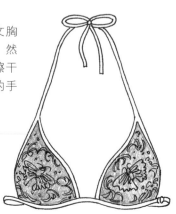

装饰线、缝合线等线迹在本步骤完成。

一字形抹胸的手绘方法

杯型: 3/4杯、抹胸	功能: 聚拢、托高、可摘卸肩带	适合胸型: 胸型下垂、胸型丰满
薄厚: 薄杯	肩带: 可拆卸肩带	罩杯材质: 模杯
搭扣: 后双排搭扣	钢圈: 有钢圈	款式细节: 蕾丝边

01 在空白A4纸上，将"心野母型"女上装模板摆放在适当位置，然后用自动铅笔轻轻地沿模板外轮廓画一圈，将"心野母型"的外轮廓勾勒在A4纸上。

02 在已勾勒好的"心野母型"女上装外轮廓的基础上，确定中心对称线、胸围线、罩杯定位线和文胸底位线的位置。

03 参照罩杯定位线和文胸底位线的位置绘制出罩杯的形状，完成左右杯位的绘制。

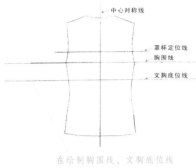

在绘制胸围线、文胸底位线时，长度略画长一些。

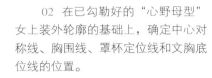

图例为3/4罩杯款。

04 参照文胸底位线的位置绘制出下扒和后比的底部线形，完成底部线形的绘制。

05 参照罩杯定位线的位置绘制出前幅线，完成前幅部位的绘制。

06 参照"心野母型"肩斜线的位置绘制出肩带，完成肩带部位的绘制。

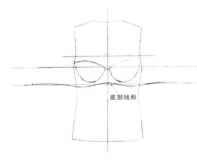

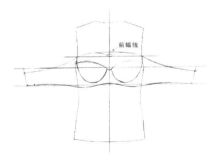

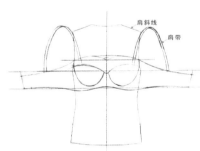

07 绘制内部结构线和后背钩，完成内部结构的绘制。

08 绘制蕾丝花边与花形图案，完成图案部位的绘制。

09 用水性笔将抹胸的铅笔线稿勾勒出来，然后将铅笔线稿用橡皮擦干净，完成抹胸款式图的手稿绘制。

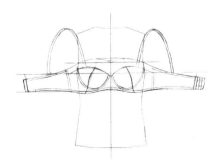

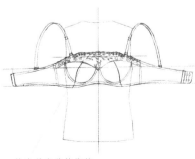

检查并完善抹胸的铅笔线稿绘制。

装饰线、缝合线等线迹在本步骤完成。

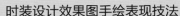

深V文胸的手绘方法

杯型：4/4杯、深V	功能：无痕、聚拢	适合胸型：胸型丰满
薄厚：薄杯	肩带：固定双肩带	罩杯材质：模杯
搭扣：后双排搭扣	钢圈：有钢圈	款式细节：前中钻石吊坠装饰

01 在空白A4纸上，将"心野母型"女上装模板摆放在适当位置，然后用自动铅笔轻轻地沿模板外轮廓画一圈，将"心野母型"的外轮廓勾勒在A4纸上。

02 在已勾勒好的"心野母型"女上装外轮廓的基础上，确定中心对称线、胸围线、罩杯定位线和文胸底位线的位置。

03 参照罩杯定位线和文胸底位线的位置绘制出罩杯的形状，完成左右杯位的绘制。

在绘制胸围线、文胸底位线时，长度略画长一些。

图例为4/4罩杯款。

04 参照文胸底位线的位置绘制出下扒和后比的底部线形，完成底部线形的绘制。

05 参照罩杯定位线的位置绘制出比弯线，完成比弯部位的绘制。

06 参照"心野母型"肩斜线的位置绘制出肩带，完成肩带部位的绘制。

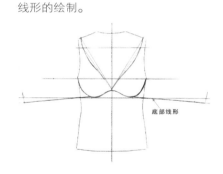

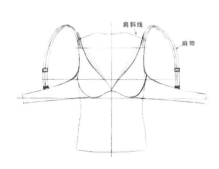

07 绘制内部结构线和后背钩，完成内部结构的绘制。

08 用水性笔将文胸的铅笔线稿勾勒出来，然后将铅笔线稿用橡皮擦干净，完成文胸款式图的手稿绘制。

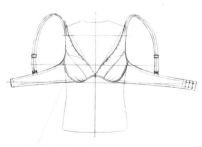

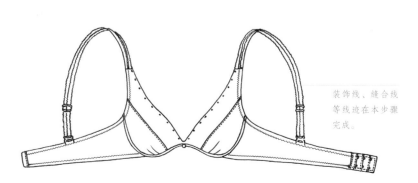

检查并完善文胸的铅笔线稿绘制。

装饰线、缝合线等线迹在本步骤完成。

前系扣文胸的手绘方法

杯型：3/4杯	功能：聚拢、美背、前系扣	适合胸型：胸型娇小
薄厚：中厚杯	肩带：固定双肩带	罩杯材质：模杯
搭扣：前系扣	钢圈：有钢圈	款式细节：小蝴蝶节

01 在空白A4纸上，将"心野母型"女上装模板摆放在适当位置，然后用自动铅笔轻轻的沿模板外轮廓画一圈，将"心野母型"的外轮廓勾勒在A4纸上。

02 在已勾勒好的"心野母型"女上装外轮廓的基础上，确定中心对称线、胸围线、罩杯定位线与文胸底位线的位置。

03 参照罩杯定位线、文胸底位线的位置绘制出罩杯的形状，完成左右杯位的绘制。

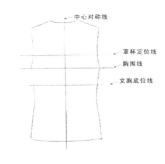

图例为3/4罩杯款。

04 参照文胸底位线的位置，完成鸡心、比弯和侧比线形的绘制。

05 参照"心野母型"肩斜线的位置绘制出肩带，完成肩带部位的绘制。

06 绘制内部结构线和后背钩，完成内部结构的绘制。

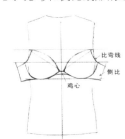

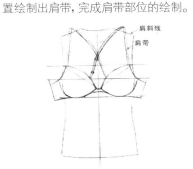

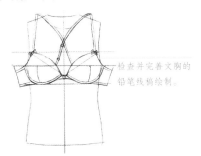

检查并完善文胸的铅笔线稿绘制。

07 用水性笔将文胸的铅笔线稿勾勒出来，然后将铅笔线稿用橡皮擦干净，完成文胸正面款式图的手稿绘制。

装饰线、缝合线等线迹在本步骤完成。

08 参照文胸正面款式图的手绘方法，完成文胸背面款式图的手稿绘制。

4.1.3 内裤款式图的手绘方法

三角裤的手绘方法

腰型：中腰	面料图案：抽象花纹	款式细节：蕾丝边

01 在空白A4纸上，将"心野母型"女下装模板摆放在适当位置，然后用自动铅笔轻轻的沿模板外轮廓画一圈，将"心野母型"的外轮廓勾勒在A4纸上。

02 在已勾勒好的"心野母型"女下装外轮廓的基础上，确定中心对称线、裤腰高度点和裤口点的位置。

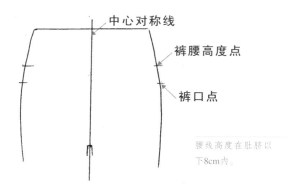

腰线高度在肚脐以下8cm内。

03 参照裤腰高度点的位置，完成腰线部位的绘制。

04 参照中心对称线与裤口点的位置，完成裤口线与裤裆部位的绘制。

05 绘制出内部结构线与花纹，完成内部结构的绘制。

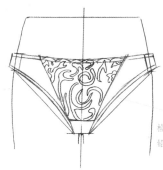

检查并完善内裤的铅笔线稿绘制。

06 用水性笔将内裤的铅笔线稿勾勒出来，再将铅笔线稿用橡皮擦干净，完成内裤正面款式图的手稿绘制。

装饰线、缝合线等线迹在本步骤完成。

07 参照内裤正面款式图的手绘方法，完成内裤背面款式图手稿绘制。

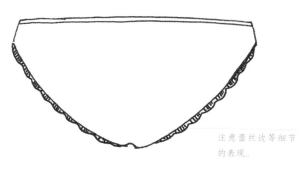

注意蕾丝边等细节的表现。

平角裤的手绘方法

腰型：低腰	面料图案：小碎花	款式细节：裤口滚边

01　在空白A4纸上，将"心野母型"女下装模板摆放在适当位置，然后用自动铅笔轻轻的沿模板外轮廓画一圈，将"心野母型"的外轮廓勾勒在A4纸上。

02　在已勾勒好的"心野母型"女下装外轮廓的基础上，确定中心对称线、裤腰高度点和裤口点的位置。

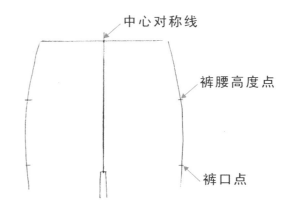

03　参照裤腰高度点的位置，完成腰线部位的绘制。

腰线高度低于肚脐
8cm以下。

04　参照中心对称线与裤口点的位置，完成裤口线与裤裆部位的绘制。

05　绘制出内部结构线与花纹，完成内部结构的绘制。

检查并完善内裤的铅笔线稿绘制。

06　用水性笔将内裤的铅笔线稿勾勒出来，然后将铅笔线稿用橡皮擦干净，完成内裤正面款式图的手稿绘制。

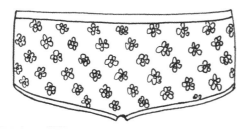

装饰线、缝合线等线迹在本步骤完成。

07　参照内裤正面款式图的手绘方法，完成内裤背面款式图手稿绘制。

T裤的手绘方法

腰型：低腰	面料图案：小圆点	款式细节：蝴蝶结

01 在空白A4纸上，将"心野母型"女下装模板摆放在适当位置，然后用自动铅笔轻轻的沿模板外轮廓画一圈，将"心野母型"的外轮廓勾勒在A4纸上。

02 在已勾勒好的"心野母型"女下装外轮廓的基础上，确定中心对称线、裤腰高度点和裤口点的位置。

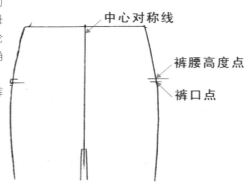

腰线高度低于肚脐8cm以下。

03 参照裤腰高度点的位置，完成腰线部位的绘制。

04 参照中心对称线与裤口点的位置，完成裤口线与裤裆部位的绘制。

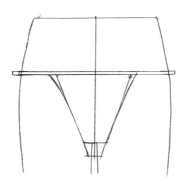

05 绘制出内部结构线与花纹，完成内部结构的绘制。

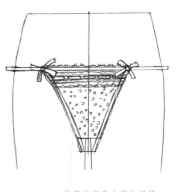

检查并完善内裤的铅笔线稿绘制。

06 用水性笔将内裤的铅笔线稿勾勒出来，然后将铅笔线稿用橡皮擦干净，完成内裤正面款式图的手稿绘制。

装饰线、缝合线等线迹在本步骤完成。

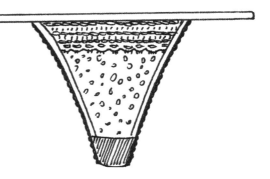

07 参照内裤正面款式图的手绘方法，完成内裤背面款式图手稿绘制。

4.2 心野母型款式图局部手绘方法

4.2.1 领子款式图的手绘方法

01 在空白A4纸上，将"心野母型"女上装模板摆放在适当位置，用自动铅笔轻轻的沿模板外轮廓画一圈，将"心野母型"的外轮廓勾勒在A4纸上。

02 在已勾勒好的"心野母型"外轮廓的基础上，确定横领宽和直领深以及中心对称点的位置。

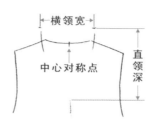

03 确定领片的款式结构和大小，完成领片的铅笔手稿绘制。

04 用水性笔将领片的铅笔线稿勾勒出来，然后将铅笔线稿用橡皮擦干净，完成领片正面款式图的手稿绘制。

装饰线、缝合线等线迹在本步骤完成。

05 参照领片正面款式图的手绘方法，完成领片背面款式图的手稿绘制。

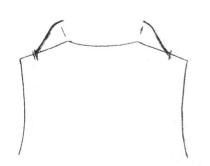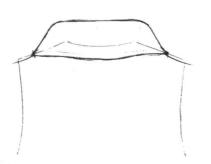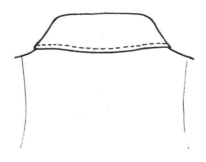

4.2.2 各种领型的手绘表现形式

阿尔斯特领　　　　　　巴尔马干领　　　　　　帆形叠领

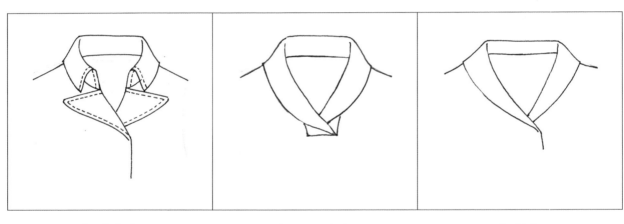

拿破仑领　　　　　　交叉围巾领　　　　　　青果领

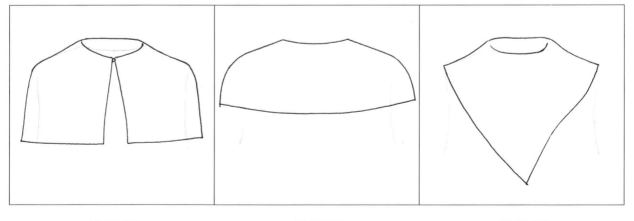

披肩领　　　　　　巴萨领　　　　　　围兜领

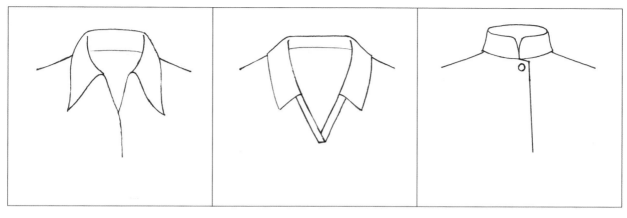

燕子领　　　　　　　意大利领　　　　　　　军官领

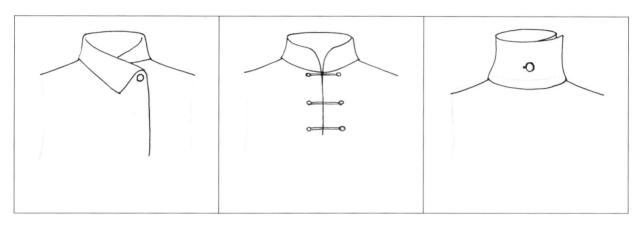

偏侧领　　　　　　　中式领　　　　　　　颚领

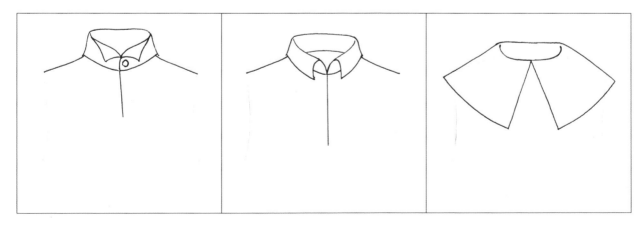

单领　　　　　　　隧道领　　　　　　　斗篷领

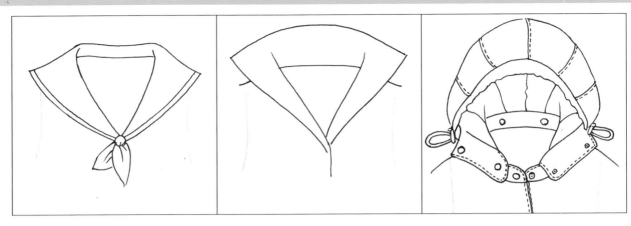

水手领　　　　　　　伊丽莎白领　　　　　　装帽领

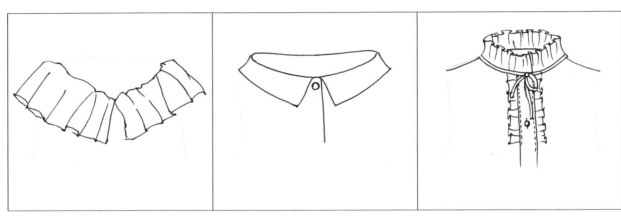

皱褶领　　　　　　　远离领　　　　　　　　波褶领

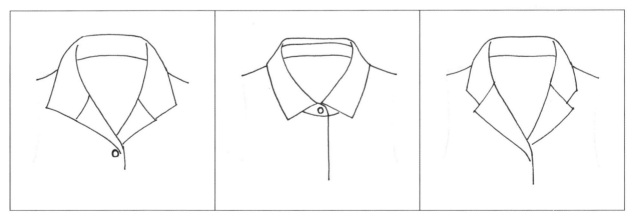

比翼领　　　　　　　衬衣领　　　　　　　　方驳领

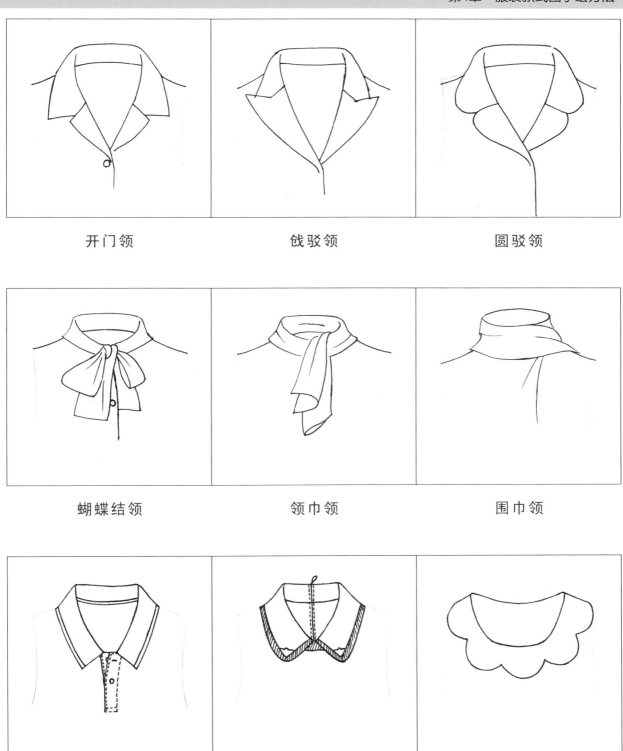

开门领　　　　　　　　　戗驳领　　　　　　　　　圆驳领

蝴蝶结领　　　　　　　　领巾领　　　　　　　　　围巾领

POLO领　　　　　　　　双层领　　　　　　　　　波浪翻领

4.2.3 袖子款式图的手绘方法

01 在空白A4纸上,将"心野母型"女上装模板摆放在适当位置,然后用自动铅笔轻轻的沿模板外轮廓画一圈,将"心野母型"的外轮廓勾勒在A4纸上并完成衣身部位的绘制。

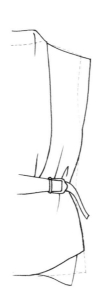

02 参照衣身外轮廓,绘制出袖子的内廓形线。

内廓形线

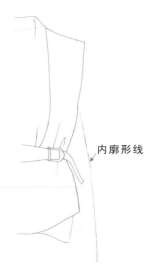

控制好袖子内廓形线的长度与衣身间的距离。

03 在袖子内廓形线的基础上确定袖口线的位置与宽度。

袖口线

04 参照袖子内廓形线,绘制出外廓形线。

外廓形线

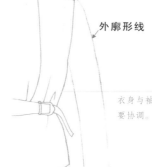

衣身与袖子的比例要协调。

05 完善袖口形的绘制。

袖口出现的设计变化,在本步骤完成。

06 用水性笔将袖子的铅笔线稿勾勒出来,然后将铅笔线稿用橡皮擦干净,完成袖子款式图的手稿绘制。

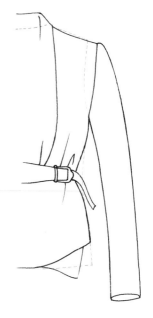

如果有装饰线、缝合线等线迹,都在本步骤完成。

4.2.4 各种袖子的手绘表现形式

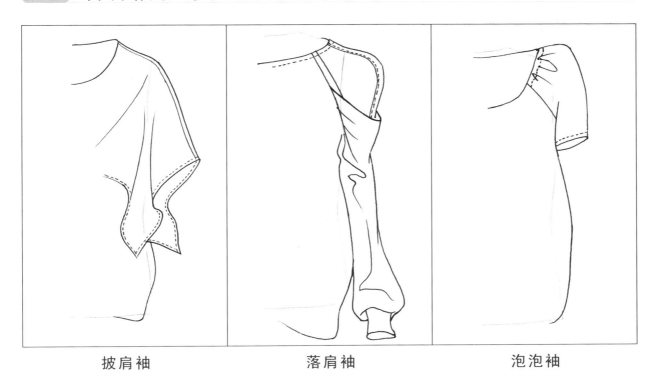

披肩袖　　　　　　　　落肩袖　　　　　　　　泡泡袖

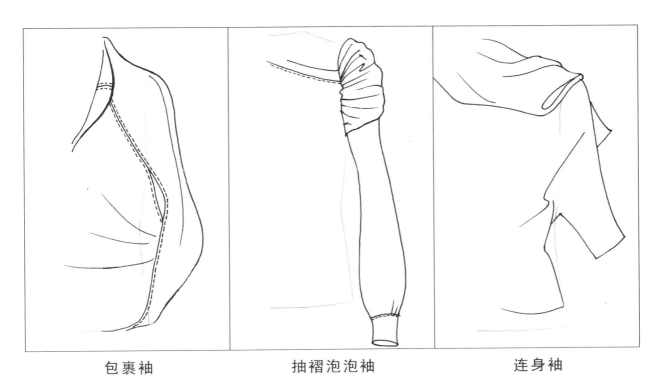

包裹袖　　　　　　　　抽褶泡泡袖　　　　　　连身袖

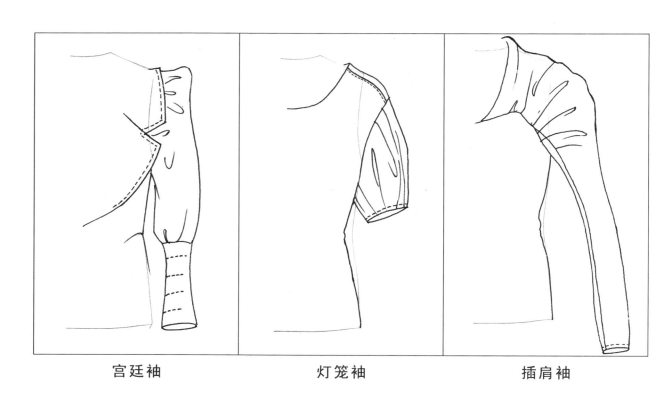

| 宫廷袖 | 灯笼袖 | 插肩袖 |

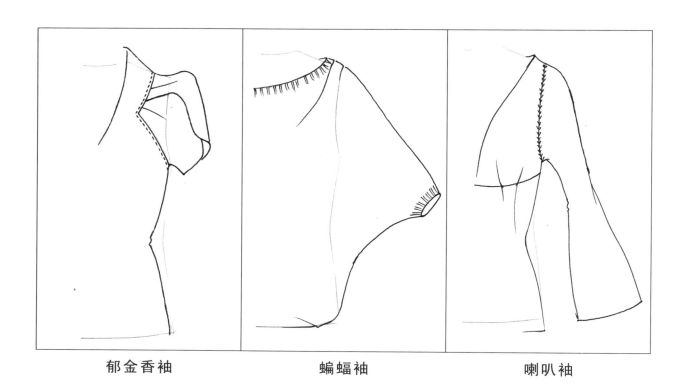

| 郁金香袖 | 蝙蝠袖 | 喇叭袖 |

4.3 心野母型女装款式图手绘方法

4.3.1 T恤衫的手绘方法

01 在已勾勒好的"心野母型"女上装外轮廓的基础上,确定领口宽度点、深度点和中心对称点的位置。

02 参照领口宽度点和深度点的位置,完成领子部位的绘制。

03 绘制袖窿线、侧缝线和下摆线的线形,完成衣身部位的绘制。

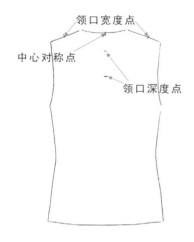

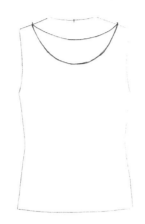

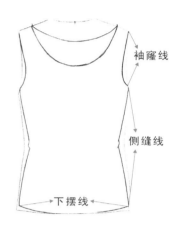

04 参照袖窿线绘制出袖子的线形,完成袖子部位的绘制。

05 用水性笔将T恤衫的铅笔线稿勾勒出来,然后将铅笔线稿用橡皮擦干净,完成T恤衫正面款式图的手稿绘制。

06 参照T恤衫正面款式图的手绘方法,完成T恤衫背面款式图的手稿绘制。

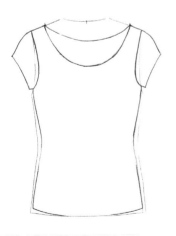

有印花的需要接着完成T恤印花的绘制,然后检查并完善T恤衫的铅笔线稿绘制。

装饰线、缝合线等线迹在本步骤完成。

4.3.2 衬衣的手绘方法

01 在已勾勒好的"心野母型"女上装外轮廓的基础上，确定领口宽度点、深度点和中心对称线的位置。

02 参照领口宽度点和深度点的位置绘制出领口线与领片线，完成领子部位的绘制。

03 绘制出袖窿线、侧缝线和下摆线的线形，完成衣身部位的绘制。

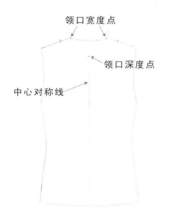

领口宽度点

领口深度点

中心对称线

领口线

领片线

55cm

60cm

"心野母型"衣身长度为55cm，衬衣长度为60cm，依据"心野母型"的长度可以确定衬衣的长度。

04 依据衣型的宽度和长度，确定袖子的宽度和长度，完成袖子部位的绘制。

05 绘制内部结构线和确定扣子的点位，完成衬衣内部结构的绘制。

检查并完善衬衣的铅笔线稿绘制。

06 用水性笔将衬衣的铅笔线稿勾勒出来，然后将铅笔线稿用橡皮擦干净，完成衬衣正面款式图的手稿绘制。

装饰线、缝合线等线迹在本步骤完成。

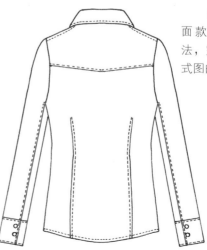

07 参照衬衣正面款式图的手绘方法，完成衬衣背面款式图的手稿绘制。

4.3.3 针织毛衫的手绘方法

01 在已勾勒好的"心野母型"女上装外轮廓的基础上，确定领口宽度点和深度点的位置。

02 参照领口宽度点和深度点的位置，完成领子部位的绘制。

03 绘制袖窿线、侧缝线和下摆线的线形，完成衣身部位的绘制。

04 依据衣型的宽度和长度，确定袖子的宽度和长度，完成袖子部位的绘制。

05 绘制出内部结构线及花纹针法，完成针织毛衫内部结构的绘制。

检查并完善针织毛衫的铅笔线稿绘制。

06 用水性笔将针织毛衫的铅笔线稿勾勒出来，然后将铅笔线稿用橡皮擦干净，完成针织毛衫正面款式图的手稿绘制。

07 参照针织毛衫正面款式图的手绘方法，完成针织毛衫背面款式图手稿绘制。

4.3.4 外套的手绘方法

01 在已勾勒好的"心野母型"女上装外轮廓的基础上,确定领口宽度点、深度点和中心对称线的位置。

领口宽度点

领口深度点

02 参照领口宽度点和深度点的位置,完成领子部位的绘制。

03 绘制袖窿线、侧缝线和下摆线的线形,完成衣身部位的绘制。

55cm

43cm

"心野母型"衣身长度为55cm,外套长度为43cm,依据"心野母型"的长度可以确定外套的长度。

04 依据衣型的宽度和长度,确定袖子的宽度和长度,完成袖子部位的绘制。

05 绘制出内部结构和扣位,完成外套内部结构的绘制。

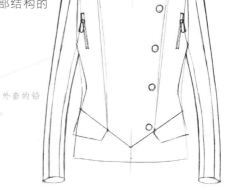

检查并完善外套的铅笔线稿绘制。

06 用水性笔将外套的铅笔线稿勾勒出来,然后将铅笔线稿用橡皮擦干净,完成外套正面款式图的手稿绘制。

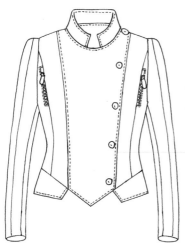

装饰线、缝合线等线迹在本步骤完成。

07 参照外套正面款式图的手绘方法,完成外套背面款式图手稿绘制。

4.3.5　西装的手绘方法

01　在已勾勒好的"心野母型"女上装外轮廓的基础上，确定领口宽度点、深度点和中心对称线的位置。

02　参照领口宽度点和深度点的位置，完成领子部位的绘制。

03　绘制袖窿线、侧缝线和下摆线的线形，完成衣身部位的绘制。

该西装为修身型款式，所以腰身部位需要在"心野母型"的基础上内收一定的量。

04　依据衣型的宽度和长度，确定袖子的宽度和长度，完成袖子部位的绘制。

05　绘制内部结构和扣位，完成西装内部结构的绘制。

检查并完善西装的铅笔线稿绘制。

06　用水性笔将西装的铅笔线稿勾勒出来，然后将铅笔线稿用橡皮擦干净，完成西装正面款式图的手稿绘制。

装饰线、缝合线等线迹在本步骤完成。

07　参照西装正面款式图的手绘方法，完成西装背面款式图手稿绘制。

4.3.6 羽绒服的手绘方法

01 在已勾勒好的"心野母型"女上装外轮廓的基础上，确定领口宽度点、深度点和中心对称线的位置。

02 参照领口宽度点和深度点的位置，完成领子部位的绘制。

03 绘制袖窿线、侧缝线和下摆线的线形，完成衣身部位的绘制。

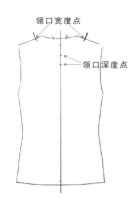

04 依据衣型的宽度和长度，确定袖子的宽度和长度，完成袖子部位的绘制。

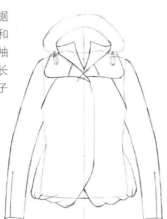

05 绘制出内部结构和扣位，完成羽绒服内部结构的绘制。

检查并完善羽绒服的铅笔线稿绘制。

06 用水性笔将羽绒服的铅笔线稿勾勒出来，然后将铅笔线稿用橡皮擦干净，完成羽绒服正面款式图的手稿绘制。

装饰线、缝合线等线迹在本步骤完成。

07 参照羽绒服正面款式图的手绘方法，完成羽绒服背面款式图手稿绘制。

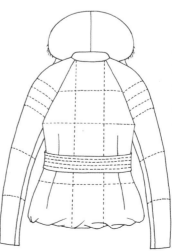

4.3.7 风衣的手绘方法

01 在已勾勒好的"心野母型"女上装外轮廓的基础上,确定领口宽度点、深度点和中心对称线的位置。

领口宽度点

领口深度点

02 参照领口宽度点和深度点的位置,完成领子部位的绘制。

03 绘制袖窿线、侧缝线和下摆线的线形,完成衣身部位的绘制。

04 依据衣型的宽度和长度,确定袖子的宽度和长度,完成袖子部位的绘制。

05 绘制出内部结构和扣位,完成风衣内部结构的绘制。

检查并完善风衣的铅笔线稿绘制。

06 用水性笔将风衣的铅笔线稿勾勒出来,然后将铅笔线稿用橡皮擦干净,完成风衣正面款式图的手稿绘制。

07 参照风衣正面款式图的手绘方法,完成风衣正面领形展开细节图手稿绘制。

装饰线、缝合线等线迹在本步骤完成。

08 参照风衣正面款式图的手绘方法,完成风衣背面款式图手稿绘制。

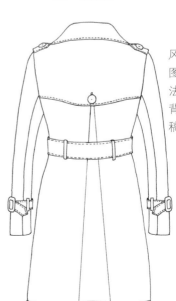

4.3.8 连衣裙的手绘方法

01 在已勾勒好的"心野母型"女上装外轮廓的基础上，确定领口宽度点、深度点和中心对称线的位置。

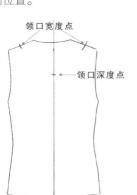

02 参照领口宽度点和深度点的位置，完成领子部位的绘制。

03 绘制袖窿线、侧缝线和下摆线的线形，完成衣身部位的绘制。

04 依据衣型的宽度和长度，确定袖子的宽度和长度，完成袖子部位的绘制。

05 绘制出内部结构线，完成连衣裙内部结构的绘制。

检查并完善连衣裙的铅笔线稿绘制。

06 用水性笔将连衣裙的铅笔线稿勾勒出来，然后将铅笔线稿用橡皮擦干净，完成连衣裙正面款式图的手稿绘制。

装饰线、缝合线等线迹在本步骤完成。

07 参照连衣裙正面款式图的手绘方法，完成连衣裙背面款式图手稿绘制。

4.3.9 裙子的手绘方法

01 在已勾勒好的"心野母型"女上装外轮廓的基础上，确定腰头高度点、装腰点和中心对称线的位置。

02 参照腰头高度点和装腰点的位置，完成腰头部位的绘制。

03 绘制出侧缝线和下摆线的线形，完成裙身部位的绘制。

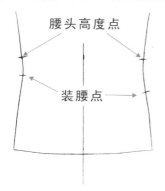

腰头高度点

装腰点

裙子依然可以用"心野母型"女上装模版来绘制，勾勒外轮廓时只需要画袖窿线以下的形状。

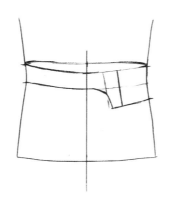

04 绘制出内部结构线，完成裙子内部结构的绘制。

05 用水性笔将裙子的铅笔线稿勾勒出来，然后将铅笔线稿用橡皮擦干净，完成裙子正面款式图的手稿绘制。

06 参照裙子正面款式图的手绘方法，完成裙子背面款式图手稿绘制。

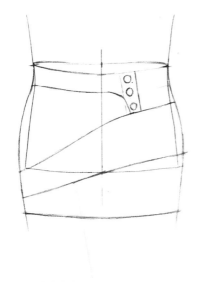

检查并完善裙子的铅笔线稿绘制。

4.3.10 裤子的手绘方法

01 在已勾勒好的"心野母型"女裤外轮廓的基础上，确定腰头宽度点、装腰点和中心对称线的位置。

腰头高度点

装腰点

本款为低腰牛仔裤，所以腰头位置比"心野母型"女裤外轮廓的腰位低一些。

02 参照腰头高度点和装腰点的位置，完成腰头部位的绘制。

03 绘制出裤腿廓形线和脚口线，完成裤腿部位的绘制。

裤腿廓形线

脚口线

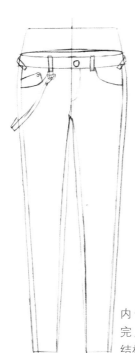

检查并完善裤子的铅笔线稿绘制。

04 绘制出内部结构线，完成裤子内部结构的绘制。

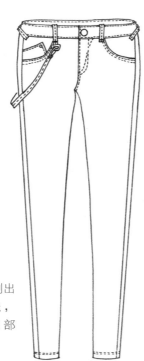

装饰线、缝合线等线迹在本步骤完成。

05 用水性笔将裤子的铅笔线稿勾勒出来，然后将铅笔线稿用橡皮擦干净，完成裤子正面款式图的手稿绘制。

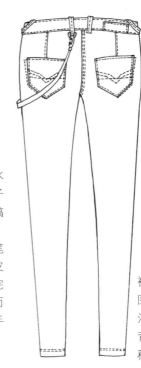

06 参照裤子正面款式图的手绘方法，完成裤子背面款式图手稿绘制。

4.4 心野母型男装款式图手绘方法

4.4.1 T恤衫的手绘方法

01　在已勾勒好的"心野母型"男上装外轮廓的基础上，确定领口宽度点、深度点和中心对称点的位置。

02　参照领口宽度点和深度点的位置，完成领子部位的绘制。

03　绘制袖窿线、侧缝线和下摆线的线形，完成衣身部位的绘制。

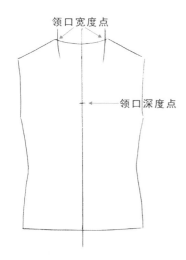

领口宽度点

领口深度点

04　参照袖窿线绘制出袖子的线形，完成袖子部位的绘制。

05　用水性笔将T恤衫的铅笔线稿勾勒出来，然后将铅笔线稿用橡皮擦干净，完成T恤衫正面款式图的手稿绘制。

06　参照T恤衫正面款式图的手绘方法，完成T恤衫背面款式图的手稿绘制。

有印花的需要接着完成T恤印花的绘制，然后检查并完善T恤衫的铅笔线稿绘制

装饰线、缝合线等线迹在本步骤完成。

4.4.2 衬衣的手绘方法

01 在已勾勒好的"心野母型"男上装外轮廓的基础上，确定领口宽度点、深度点和中心对称点的位置。

02 参照领口宽度点和深度点的位置，完成领子部位的绘制。

03 绘制出袖窿线、侧缝线和下摆线的线形，完成衣身部位的绘制。

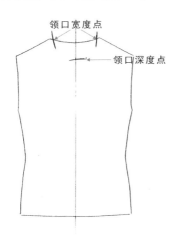

04 依据衣型的宽度和长度，确定袖子的宽度和长度，完成袖子部位的绘制。

05 绘制内部结构线和确定扣子的点位，完成衬衣内部结构的绘制。

检查并完善衬衣的铅笔线稿绘制。

06 用水性笔将衬衣的铅笔线稿勾勒出来，然后将铅笔线稿用橡皮擦干净，完成衬衣正面款式图的手稿绘制。

装饰线、缝合线等线迹在本步骤完成。

07 参照衬衣正面款式图的手绘方法，完成衬衣背面款式图的手稿绘制。

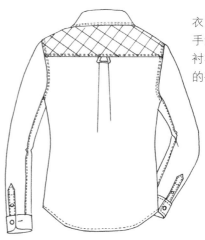

4.4.3 针织毛衫的手绘方法

01 在已勾勒好的"心野母型"男上装外轮廓的基础上，确定领口宽度点和深度点的位置。

02 参照领口宽度点和深度点的位置，完成领子部位的绘制。

03 绘制袖窿线、侧缝线和下摆线的线形，完成衣身部位的绘制。

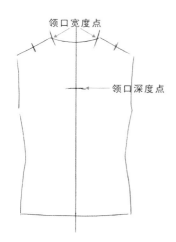

04 依据衣型的宽度和长度，确定袖子的宽度和长度，完成袖子部位的绘制。

05 绘制出内部结构线及花纹针法，完成针织毛衫内部结构的绘制。

检查并完善针织毛衫的铅笔线稿绘制。

06 用水性笔将针织毛衫的铅笔线稿勾勒出来，然后将铅笔线稿用橡皮擦干净，完成针织毛衫正面款式图的手稿绘制。

07 参照针织毛衫正面款式图的手绘方法，完成针织毛衫背面款式图手稿绘制。

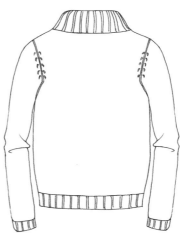

4.4.4 外套的手绘方法

01 在已勾勒好的"心野母型"男上装外轮廓的基础上,确定领口宽度点、深度点和中心对称线的位置。

02 参照领口宽度点和深度点的位置,完成领子部位的绘制。

03 绘制袖窿线、侧缝线和下摆线的线形,完成衣身部位的绘制。

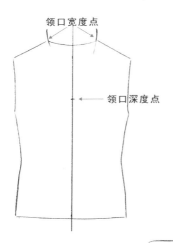

04 依据衣型的宽度和长度,确定袖子的宽度和长度,完成袖子部位的绘制。

05 绘制出内部结构和扣位,完成外套内部结构的绘制。

检查并完善外套的铅笔线稿绘制。

06 用水性笔将外套的铅笔线稿勾勒出来,然后将铅笔线稿用橡皮擦干净,完成外套正面款式图的手稿绘制。

装饰线、缝合线等线迹在本步骤完成。

07 参照外套正面款式图的手绘方法,完成外套背面款式图手稿绘制。

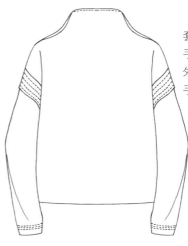

4.4.5 西装的手绘方法

01 在已勾勒好的"心野母型"男上装外轮廓的基础上,确定领口宽度点、深度点和中心对称线的位置。

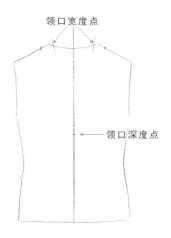

领口宽度点

领口深度点

02 参照领口宽度点和深度点的位置,完成领子部位的绘制。

03 绘制袖窿线、侧缝线和下摆线的线形,完成衣身部位的绘制。

男西装肩宽可以略画宽一点。

04 依据衣型的宽度和长度,确定袖子的宽度和长度,完成袖子部位的绘制。

05 绘制出内部结构和扣位,完成西装内部结构的绘制。

检查并完善西装的铅笔线稿绘制。

06 用水性笔将西装的铅笔线稿勾勒出来,然后将铅笔线稿用橡皮擦干净,完成西装正面款式图的手稿绘制。

装饰线、缝合线等线迹在本步骤完成。

07 参照西装正面款式图的手绘方法,完成西装背面款式图手稿绘制。

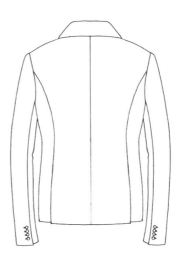

4.4.6 羽绒服的手绘方法

01 在已勾勒好的"心野母型"男上装外轮廓的基础上，确定领口宽度点、深度点和中心对称线的位置。

领口宽度点

领口深度点

02 参照领口宽度点和深度点的位置，完成领子部位的绘制。

03 参照领子部位的大小与外形，完成帽子部位的绘制。

05 依据衣型的宽度和长度，确定袖子的宽度和长度，完成袖子部位的绘制。

06 绘制出内部结构和扣位，完成羽绒服内部结构的绘制。

04 绘制袖窿线、侧缝线和下摆线的线形，完成衣身部位的绘制。

羽绒服肩宽可以略画宽一点。

检查并完善羽绒服的铅笔线稿绘制。

07 用水性笔将羽绒服的铅笔线稿勾勒出来，然后将铅笔线稿用橡皮擦干净，完成羽绒服正面款式图的手稿绘制。

装饰线、缝合线等线迹在本步骤完成。

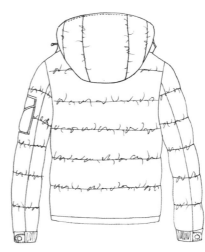

08 参照羽绒服正面款式图的手绘方法，完成羽绒服背面款式图手稿绘制。

4.4.7 风衣的手绘方法

01 在已勾勒好的"心野母型"男上装外轮廓的基础上,确定领口宽度点、深度点和中心对称线的位置。

领口宽度点

领口深度点

02 参照领口宽度点和深度点的位置,完成领子部位的绘制。

03 绘制袖窿线、侧缝线和下摆线的线形,完成衣身部位的绘制。

肩宽可以略画宽一点。

04 依据衣型的宽度和长度,确定袖子的宽度和长度,完成袖子部位的绘制。

05 绘制出内部结构和扣位,完成风衣内部结构的绘制。

检查并完善风衣的铅笔线稿绘制。

06 用水性笔将西装的铅笔线稿勾勒出来,然后将铅笔线稿用橡皮擦干净,完成西装正面款式图的手稿绘制。

装饰线、缝合线等线迹在本步骤完成。

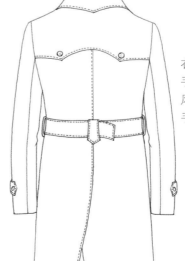

07 参照风衣正面款式图的手绘方法,完成风衣背面款式图手稿绘制。

4.4.8 裤子的手绘方法

01 在已勾勒好的"心野母型"男裤外轮廓的基础上，确定腰头高度点、装腰点和中心对称线的位置。

腰头高度点

装腰点

02 参照腰头高度点和装腰点的位置，完成腰头部位的绘制。

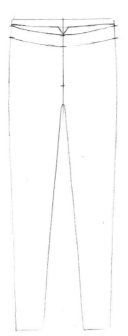

03 绘制出裤腿廓形线和脚口线，完成裤腿部位的绘制。

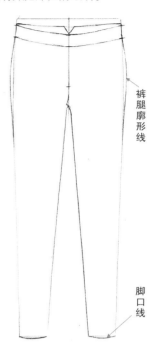

裤腿廓形线

脚口线

04 绘制出内部结构线，完成裤子内部结构的绘制。

检查并完善裤子的铅笔线稿绘制。

05 用水性笔将裤子的铅笔线稿勾勒出来，然后将铅笔线稿用橡皮擦干净，完成裤子正面款式图的手稿绘制。

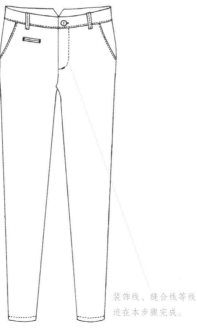

装饰线、缝合线等线迹在本步骤完成。

06 参照裤子正面款式图的手绘方法，完成裤子背面款式图手稿绘制。

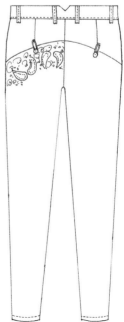

4.5 肩宽比例法在童装款式图中的运用

4.5.1 幼童T恤的手绘方法

01 先画出肩宽线（作者示范为5cm），然后在其中心点位置以肩宽线1.3倍的数值画出衣长线。

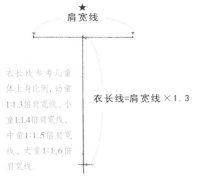

衣长线参考儿童体上身比例，幼童1:1.3倍肩宽线、小童1:1.4倍肩宽线、中童1:1.5倍肩宽线、大童1:1.6倍肩宽线。

衣长线=肩宽线×1.3

02 在肩宽线和衣长线的基础上，确定领口宽度点、深度点的位置。

03 参照领口宽度点和深度点的位置，完成领子部位的绘制。

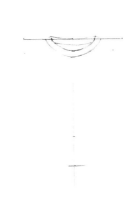

04 绘制肩斜线、袖窿线、侧缝线和下摆线的线形，完成衣身部位的绘制。

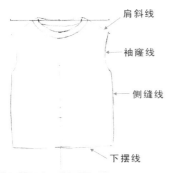

衣身的宽度略等宽于肩宽线，衣身的长度略长于衣长线。

05 参照袖窿线绘制出袖子的线形，完成袖子部位的绘制。

06 绘制内部结构线和印花图案等，完成T恤内部结构的绘制。

检查并完善T恤的铅笔线稿绘制

07 用水性笔将T恤的铅笔线稿勾勒出来，然后将铅笔线稿用橡皮擦干净，完成T恤正面款式图的手稿绘制。

装饰线、缝合线等线迹在本步骤完成。

08 参照T恤正面款式图的手绘方法，完成T恤背面款式图的手稿绘制。

4.5.2 小童衬衣的手绘方法

01 先画出肩宽线（作者示范为5cm），然后在其中心点位置以肩宽线1.4倍的数值画出衣长线。

02 在肩宽线和衣长线的基础上，确定领口宽度点、深度点的位置。

03 参照领口宽度点和深度点的位置，完成领子部位的绘制。

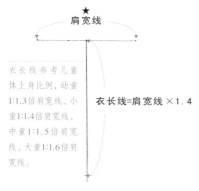

衣长线参考儿童体上身比例，幼童1:1.3倍肩宽线、小童1:1.4倍肩宽线、中童1:1.5倍肩宽线、大童1:1.6倍肩宽线。

衣长线=肩宽线×1.4

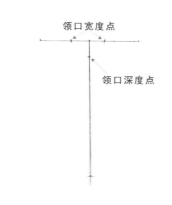

04 绘制肩斜线、袖窿线、侧缝线和下摆线的线形，完成衣身部位的绘制。

05 参照袖窿线绘制出袖子的线形，完成袖子部位的绘制。

06 绘制内部结构线和绣花图案等，完成衬衣内部结构的绘制。

衣身的宽度略等宽于肩宽线，衣身的长度略等长于衣长线。

检查并完善衬衣的铅笔线稿绘制。

07 用水性笔将衬衣的铅笔线稿勾勒出来，然后将铅笔线稿用橡皮擦干净，完成衬衣正面款式图的手稿绘制。

装饰线、缝合线等线迹在本步骤完成。

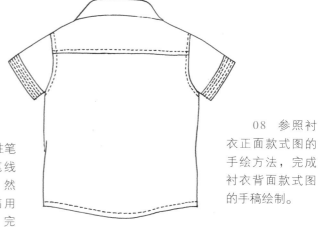

08 参照衬衣正面款式图的手绘方法，完成衬衣背面款式图的手稿绘制。

4.5.3 中童外套的手绘方法

01　先画出肩宽线（作者示范为5cm），然后在其中心点位置以肩宽线1.5倍的数值画出衣长线。

02　在肩宽线和衣长线的基础上，确定领口宽度点和深度点的位置。

03　参照领口宽度点和深度点的位置，完成领子部位的绘制。

★

肩宽线

衣长线参考儿童体上身比例，幼童1:1.3倍肩宽线、小童1:1.4倍肩宽线、中童1:1.5倍肩宽线、大童1:1.6倍肩宽线。

衣长线=肩宽线×1.5

领口宽度点

领口深度点

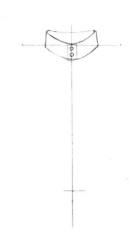

04　绘制肩斜线、袖窿线、侧缝线和下摆线的线形，完成衣身部位的绘制。

05　参照袖窿线绘制出袖子的线形，完成袖子部位的绘制。

06　绘制内部结构线和针织花纹图案等，完成外套内部结构的绘制。

衣身的宽度略等宽于肩宽线，衣身的长度略等长于衣长线。

检查并完善外套的铅笔线稿绘制。

07　用水性笔将外套的铅笔线稿勾勒出来，然后将铅笔线稿用橡皮擦干净，完成外套正面款式图的手稿绘制。

08　参照外套正面款式图的手绘方法，完成外套背面款式图的手稿绘制。

装饰线、缝合线等线迹在本步骤完成。

4.5.4 大童羽绒服的手绘方法

01 先画出肩宽线（作者示范为5cm），然后在其中心点位置以肩宽线1.6倍的数值画出衣长线。

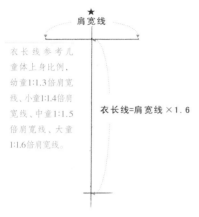

肩宽线

★

衣长线参考儿童体上身比例，幼童1:1.3倍肩宽线、小童1:1.4倍肩宽线、中童1:1.5倍肩宽线、大童1:1.6倍肩宽线。

衣长线=肩宽线×1.6

02 在肩宽线和衣长线的基础上，确定领口宽度点和深度点的位置。

领口宽度点

领口深度点

03 参照领口宽度点和深度点的位置，完成领子部位的绘制。

04 绘制肩斜线、袖窿线、侧缝线和下摆线的线形，完成衣身部位的绘制。

衣身长度根据所绘制的款式长度来定。

05 参照袖窿线绘制出袖子的线形，完成袖子部位的绘制。

06 绘制内部结构线与扣位，完成羽绒服内部结构的绘制。

07 用水性笔将羽绒服的铅笔线稿勾勒出来，然后将铅笔线稿用橡皮擦干净，完成羽绒服正面款式图的手稿绘制。

装饰线、缝合线等线迹在本步骤完成。

08 参照羽绒服正面款式图的手绘方法，完成羽绒服背面款式图的手稿绘制。

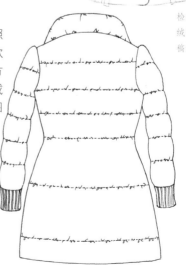

检查并完善羽绒服的铅笔线稿绘制。

4.5.5 幼童连体衣的手绘方法

01 先画出肩宽线（作者示范为5cm），然后在其中心点位置以肩宽线2.5倍的数值画出衣长线。

在绘制连体衣时，衣长度参照儿童体的着装肩宽比例，幼童1:2.5倍肩宽线、小童1:3倍肩宽线、中童1:3.5倍肩宽线、大童1:4倍肩宽线。

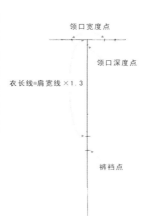

★ 肩宽线

衣长线=肩宽线×2.5

02 在肩宽线和衣长线的基础上，确定领口宽度点、深度点和裤裆点的位置。

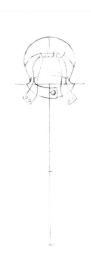

领口宽度点

领口深度点

衣长线=肩宽线×1.3

裤裆点

03 参照领口宽度点和深度点的位置，完成领子和帽子部位的绘制。

04 绘制肩斜线、袖窿线、侧缝线和下摆线的线形，完成衣身部位的绘制。

05 参照袖窿线绘制出袖子的线形，完成袖子部位的绘制。

06 绘制内部结构线与扣位，完成连体衣内部结构的绘制。

检查并完善连体衣的铅笔线稿绘制。

07 用水性笔将连体衣的铅笔线稿勾勒出来，然后将铅笔线稿用橡皮擦干净，完成连体衣正面款式图的手稿绘制。

装饰线、缝合线等线迹在本步骤完成。

08 参照连体衣正面款式图的手绘方法，完成连体衣背面款式图的手稿绘制。

4.5.6 小童裤子的手绘方法

01 先画出肩宽线（作者示范为5cm），然后在其中心点位置以肩宽线2.3倍的数值画出裤长线。

裤长线参考儿童体下身比例，幼童1:1.8倍肩宽线、小童1:2.3倍肩宽线、中童1:2.5倍肩宽线、大童1:3倍肩宽线。

02 在肩宽线和裤长线的基础上，确定腰头宽度点、高度点和裤裆点的位置。

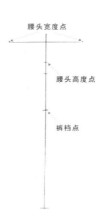

03 参照腰头宽度点、高度点的位置，完成腰头部位的绘制。

04 参照裤裆点的位置，完成裤腿内侧缝的绘制。

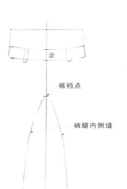

05 参照裤腿内侧缝的线形，完成裤腿外侧缝和脚口线形的绘制。

06 绘制内部结构线与腰带等，完成裤子内部结构的绘制。

检查并完善裤子的铅笔线稿绘制。

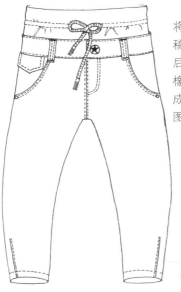

07 用水性笔将裤子的铅笔线稿勾勒出来，然后将铅笔线稿用橡皮擦干净，完成裤子正面款式图的手稿绘制。

装饰线、缝合线等线迹在本步骤完成。

08 参照裤子正面款式图的手绘方法，完成裤子背面款式图的手稿绘制。

4.5.7 中童裙子的手绘方法

01 先画出肩宽线（作者示范为5cm），然后在其中心点位置以肩宽线2.5倍的数值画出裙长线。

02 在肩宽线和裙长线的基础上，确定腰头宽度点、高度点和膝关节点的位置。

03 参照腰头宽度点、高度点的位置，完成腰头部位的绘制。

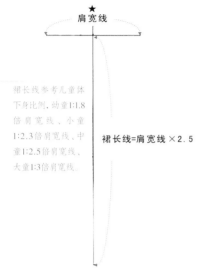

裙长线参考儿童体下身比例，幼童1:1.8倍肩宽线，小童1:2.3倍肩宽线，中童1:2.5倍肩宽线，大童1:3倍肩宽线。

裙长线=肩宽线×2.5

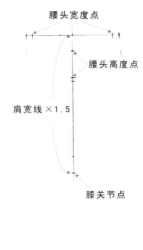

腰头宽度点

腰头高度点

肩宽线×1.5

膝关节点

04 参照膝关节点的位置，完成下摆线和侧缝线的绘制。

05 绘制内部结构线与蝴蝶结等，完成裙子内部结构的绘制。

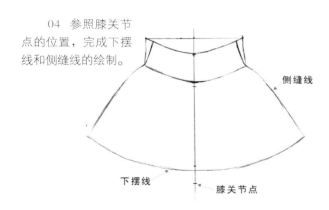

侧缝线

下摆线　　　膝关节点

检查并完善裙子的铅笔线稿绘制。

06 用水性笔将裙子的铅笔线稿勾勒出来，然后将铅笔线稿用橡皮擦干净，完成裙子正面款式图的手稿绘制。

07 参照裙子正面款式图的手绘方法，完成裙子背面款式图的手稿绘制。

装饰线、缝合线等线迹在本步骤完成。

4.5.8 大童连衣裙的手绘方法

01 先画出肩宽线（作者示范为5cm），然后在其中心点位置以肩宽线1.6倍的数值画出衣长线。

02 在肩宽线和衣长线的基础上，确定领口宽度点、高度点和腰节点的位置。

03 参照领口宽度点和高度点的位置，完成领口部位的绘制。

04 参照腰节点的位置，完成袖窿线、侧缝线和下摆的绘制。

05 绘制内部结构线与玫瑰花结等，完成连衣裙内部结构的绘制。

06 用水性笔将连衣裙的铅笔线稿勾勒出来，然后将铅笔线稿用橡皮擦干净，完成连衣裙正面款式图的手稿绘制。

07 参照连衣裙正面款式图的手绘方法，完成连衣裙背面款式图的手稿绘制。

服装面料手绘方法

　　面料是服装设计的三大构成要素之一，不同的面料具备不同的特性，而这些特性有其独特的手绘表现技法。其中常见的绘画技法有平涂法、渲染法、撒盐法、点绘法、撇丝法、喷溅法、盖印法、剪贴法、干画法和湿画法等；绘画时影响面料质感表现的主要因素有线描特性、图案填充、织纹走向、明暗关系和色彩搭配等。

5.1 常见服装面料的手绘表现

5.1.1 透明薄纱面料

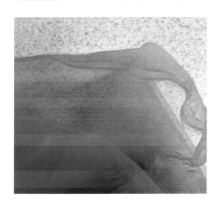

01 先用浅色平铺所有薄沙部位。

02 待画纸干后，再略微加深薄沙重叠部位的颜色。

03 待画纸干后，再次略微加深薄沙重叠部位的颜色，并勾出皱褶线。

04 用较深的颜色刻画出皱褶线的暗部，完成最终效果。

   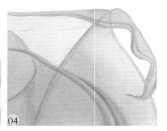

5.1.2 绸缎面料

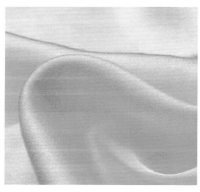

01 先用浅色渲染底色，表现绸缎面料的褶皱关系，并运用留白表现高光。

02 待画纸干后，加深暗部的颜色。

03 将画笔蘸上清水后，平涂高光部位，趁画纸湿润时加深画笔颜色，并沿着高光边缘向中间部位过渡渲染。

04 用较深的颜色刻画出皱褶线的暗部，完成最终效果。

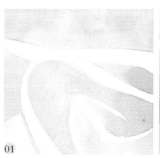 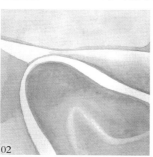 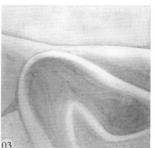 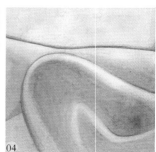

5.1.3 牛仔面料

01 用深蓝色渲染底色。

02 待画纸干后，均匀地勾满黑色斜线。

03 在黑色斜线间，用白色点出泛白的虚线。

04 用黑色水性笔在白虚线上勾画出长短不一的短斜线，并进一步刻画面料暗部，完成最终效果。

5.1.4 毛呢面料

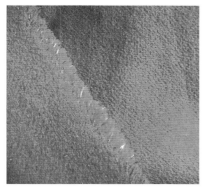

01 用型号大一点的画笔渲染底色。

02 待画纸干后，用深色紧密地勾满波浪形斜线。

03 选用一支干的画笔，在笔尖上点上白色颜料并随意零散的点满画面，表现出毛穗的感觉。

04 进一步刻画纹理暗部和细节，完成最终效果。

5.1.5 皮革面料

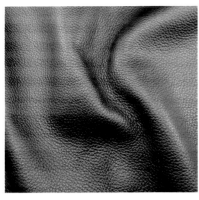

01 用大画笔渲染底色，并将高光部位留白。

02 用深色加强褶皱的暗部，并渲染高光部位。

03 选用一支干的画笔蘸取白色颜料，提亮皱褶高光部位，使其出现粗糙的感觉。

04 进一步刻画褶皱暗部，并用深色在面料暗部画出一些不规则的小点。

5.1.6 皮草面料

01 用大画笔渲染底色，并绘制出毛峰的走向。

02 顺着毛发走向，用深色绘制暗部。

03 用更深的颜色进一步加强毛发暗部，丰富层次感。

04 加入少量环境色，然后用白色勾勒出毛发高光部位，完成最终效果。

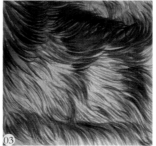

5.1.7 毛衫面料

01 用铅笔轻轻勾勒出八字纹并铺出底色。

02 用深色绘制纹理暗部。

03 绘制出八字纹的明暗关系，并强调织物的凹凸感，丰富层次。

04 用细线勾勒出织纹肌理细节，完成最终效果。

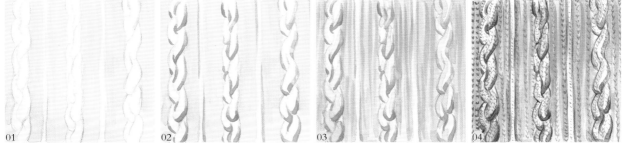

5.1.8 蕾丝面料

01 用铅笔勾勒出大致的花纹图案，并铺底色。

02 用白色颜料绘制花纹图案的轮廓线。

03 加深底色突出花纹。

04 用细线勾勒出网纹肌理细节，完成最终效果。

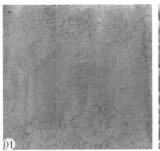

5.1.9 灯芯绒面料

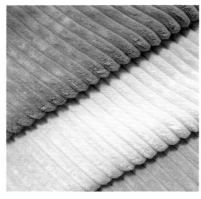

01 用铅笔勾勒出条纹并铺底色。
02 加深条纹的暗部，表现出条纹的凹凸感。
03 随意画出一些深色的小杂点，可以将笔尖处理成分叉状态再画。
04 在深色杂点上，随意点出一些白色点，完成最终效果。

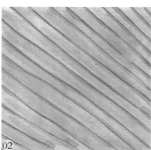

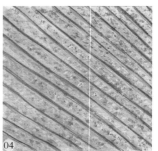

5.1.10 亮片面料

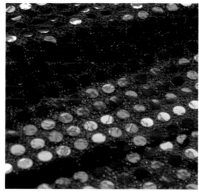

01 用铅笔勾勒出亮片的轮廓并铺底色。
02 加深亮片的暗部。
03 画出亮片的亮部。
04 进一步刻画亮部和暗部，完成最终效果。

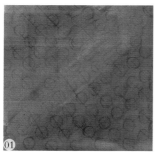
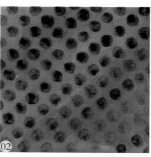

5.2 常见服装面料的手稿绘制

5.2.1 毛衫面料

绘画技法： 平涂法、点绘法、渲染法
工具材料： 自动铅笔、毛质画笔、水性笔、水彩颜料、素描纸

01 用自动铅笔起稿，完成服装款式的着装效果，并刻画出图案与织纹的线稿。

服装线稿绘画的好坏决定上色时的运笔是否顺意。

02 根据服装面积的大小，选择合适的上色画笔，采用平涂法由上至下铺设服装款式的基本色调。

用平涂法上色比较适合表现针织面料素雅的效果。通常先用大号画笔铺设服装大面积的色彩，再用小号画笔细心填充服装小面积的色块。色彩的搭配应该协调统一。

03 把着装效果的明暗关系简单地看成亮面、灰面和暗面三大调子，然后从整体着手在基本色调的基础上加入少许补色完成灰面，再加入适量黑色完成暗面，接着填充图案的颜色，最后用点绘法刻画出针织面料的纹理，完成面料质感的表现。

想让画面某处的色调变暗可以加适量的黑色或该处色相的补色。

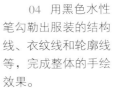

04 用黑色水性笔勾勒出服装的结构线、衣纹线和轮廓线等，完成整体的手绘效果。

由于针织面料有一定的厚度，因此用粗一点的线条去勾勒服装的轮廓线。

5.2.2 绸缎与亮片面料

绘画技法：平涂法、点绘法、渲染法
工具材料：自动铅笔、毛质画笔、水性笔、水彩颜料、素描纸

02 采用渲染法由上至下铺设服装款式的基本色调，并刻画出简单的褶皱关系。

01 用自动铅笔起稿，完成服装款式的着装效果，并刻画出图案与织纹的线稿。

应该根据上色面积的大小适当调整画笔的大小，做到上色准确，颜色统一。由于绸缎面料比较柔和且有光感效果，因此用渲染法和留白法来表现比较合适。

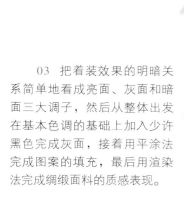

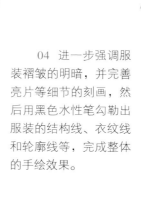

03 把着装效果的明暗关系简单地看成亮面、灰面和暗面三大调子，然后从整体出发在基本色调的基础上加入少许黑色完成灰面，接着用平涂法完成图案的填充，最后用渲染法完成绸缎面料的质感表现。

04 进一步强调服装褶皱的明暗，并完善亮片等细节的刻画，然后用黑色水性笔勾勒出服装的结构线、衣纹线和轮廓线等，完成整体的手绘效果。

绸缎面料比较柔和，适合用比较有弹性的线条勾勒服装的轮廓线。

5.2.3 毛呢面料

绘画技法：平涂法、点绘法、干画法、渲染法
工具材料：自动铅笔、毛质画笔、水性笔、水彩颜料、素描纸

01 用自动铅笔起稿，完成服装款式的着装效果图线稿。

02 采用平涂法铺设服装款式的基本色调，并浅浅地给皮肤和五官着色。

03 把着装效果的明暗关系简单地看成亮面、灰面和暗面三大调子，从整体出发再到细节部位，在基本色调的基础上加入少许补色完成灰面，然后加入适量黑色完成暗面，接着用点绘法绘制面料纹理，完成面料质感效果。

04 进一步刻画各部位的细节，然后用黑色水性笔勾勒出服装的结构线、衣纹线和轮廓线等，完成整体的手绘效果。

5.2.4 皮草与皮革面料

绘画技法：平涂法、点绘法、干画法、渲染法
工具材料：自动铅笔、毛质画笔、水性笔、水彩颜料、素描纸

01 用自动铅笔起稿，完成服装款式的着装效果图线稿。

02 根据服装面积的大小，选择合适的上色画笔，以由上至下的顺序，用渲染法完成服装款式的基本色调，留出亮部。

03 把着装效果简单地看成亮面、灰面和暗面三大调子，从整体出发强调褶皱的明暗，然后用撇丝法绘制面料纹理，完成面料质感的表现。

04 进一步刻画各部位的细节，并用黑色水性笔勾勒出服装的结构线、衣纹线和轮廓线等，完成整体的手绘效果。

5.2.5 牛仔与灯芯绒面料

绘画技法： 平涂法、点绘法、干画法
工具材料： 自动铅笔、毛质画笔、水性笔、水彩颜料、素描纸

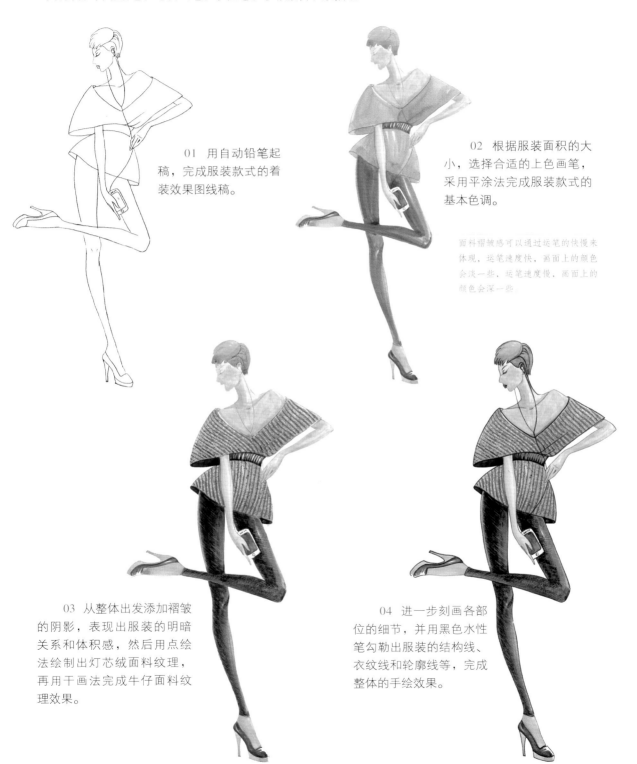

01 用自动铅笔起稿，完成服装款式的着装效果图线稿。

02 根据服装面积的大小，选择合适的上色画笔，采用平涂法完成服装款式的基本色调。

面料褶皱感可以通过运笔的快慢来体现，运笔速度快，画面上的颜色会浅一些，运笔速度慢，画面上的颜色会深一些。

03 从整体出发添加褶皱的阴影，表现出服装的明暗关系和体积感，然后用点绘法绘制出灯芯绒面料纹理，再用干画法完成牛仔面料纹理效果。

04 进一步刻画各部位的细节，并用黑色水性笔勾勒出服装的结构线、衣纹线和轮廓线等，完成整体的手绘效果。

5.2.6 薄纱与蕾丝面料

绘画技法：平涂法、渲染法
工具材料：自动铅笔、毛质画笔、水性笔、水彩颜料、素描纸

01 用自动铅笔起稿，完成服装款式的着装效果，并刻画出图案与织纹的线稿。

02 根据服装面积的大小，选择合适的上色画笔，采用渲染法由上至下铺设服装款式的基本色调。

透明面料下的人体肤色若隐若现，需先画好人体肤色，待干透后再用大画笔快速地铺色，千万不要反复涂抹。

03 把着装效果的明暗关系简单地看成亮面、灰面和暗面三大调子，然后从整体出发再到细节部位，在基本色调的基础上减少笔触上的水分，重复涂抹几次，完成灰面的上色，接着加入适量黑色完成暗面的上色。

04 进一步刻画各位位细节，并用黑色水性笔勾勒出服装的结构线、衣纹线和轮廓线等，完成整体的手绘效果。

因为用薄纱面料做的服装比较轻薄，因此勾轮廓线时不宜太黑、太重。

第6章

服装手稿实例表现

  在绘制服装手稿并上色之前，应做好上色前的准备工作，如画笔和调色盘是否洗干净，绘画工具是否齐全，绘画前的心情是否调整好。当这些都没有问题后，可以开始用铅笔起稿，尽可能做到下笔肯定、线条流畅。开始上色时一定先从皮肤色开始，再依次按从上至下、从左至右的顺序来完成画面的上色。绘制时也需要有一些绘画绝活，在平时练习上色时可以试试单手同时拿两支笔相互替换在画面上铺色，以及能够拿大号的画笔勾出细细的线条等。

6.1 服装手稿上色方法

6.1.1 服装人体上色

01 用赭石加少量白色颜料调和成皮肤色，然后淡淡地平涂所有皮肤部位。

02 在调好的皮肤色中加入适量的赭石颜料作为皮肤灰面色，然后根据五官结构与光源变化加深五官皮肤的灰面。

03 根据锁骨和胸部结构与光源变化加深皮肤灰面。

笔触要顺人体各部位结构方向运笔。

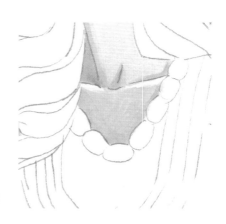

04 选用调好的皮肤灰面色，根据手臂的结构与光源变化加深皮肤灰面。

05 根据手指结构与光源变化加深手部皮肤灰面。

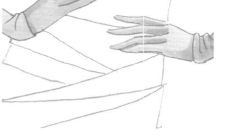

06 根据腿部结构与光源变化加深皮肤灰面。

07 选用调好的皮肤灰面色，根据脚部结构与光源变化加深皮肤灰面。

08 等待画纸干后，用赭石颜料加少量清水调和作为皮肤暗面的颜色，刻画人体上身的深色和阴影部位。

09 等待画纸干后，用赭石调和的暗面颜色，刻画人体下身的深色和阴影部位。

10 检查并调整各部位的明暗关系和细节，完成服装人体上色。

6.1.2 五官与发型上色

01 用皮肤色加朱红颜料调和成嘴唇色，平涂嘴唇并留出白色高光部位。

02 用熟褐加黑色颜料调和作为眉头色，然后用小号画笔勾画眉头部位，接着用熟褐颜料勾画眉尾部位。

03 选用普蓝色加清水调和作为眼珠色，填充眼珠部位并留出白色高光，然后用黑色颜料勾画眼睛部位。

04 选用黑色颜料细心勾画鼻底和嘴巴部位的轮廓线。

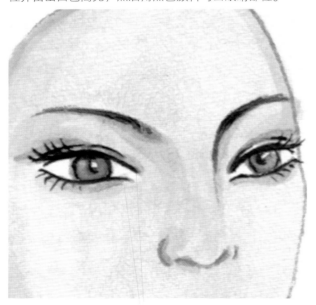

线条应该根据结构表现出虚实变化。

上眼线比下眼线粗一点。

05 将橘黄、熟褐和玫瑰红颜料调和作为头发颜色，然后平涂头发部位并留出白色高光。

06 在头发颜色中加入熟褐颜料作为头发的灰面色，然后顺着头发走向，绘制头发的灰面。

07 在头发颜色中加入黑色颜料作为头发的暗面色，然后顺着头发走向，绘制头发暗面。

6.1.3 服装款式上色

01 用玫瑰红颜料和清水调和作为服装的基础色，然后采用平涂法完成服装整体款式的上色。

02 用玫瑰红颜料加少量清水调和，完成服装灰面上色。

03 用玫瑰红颜料加少量黑色，完成服装暗面上色。

这一遍的颜色应该比上一遍的颜色更深，可以通过控制加入水量的多少来控制颜色的深浅。

6.1.4 服装饰品上色

01 选择合适的上色画笔，绘制服装饰品的纹理结构。

02 在基本色调的基础上加少量黑色，完成服装饰品的灰面和暗面上色。

03 直接选用白色颜料，提亮服装饰品的高光部位。

6.1.5 整体勾线

01 选用赭石和熟褐颜料调和，然后细心勾画皮肤轮廓线条。

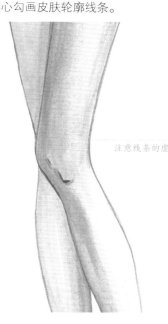

注意线条的虚实变化。

02 直接用黑色水性笔勾画服装的结构和轮廓线条。

也可以选择服装主色调和黑色颜料调和后用勾线画笔完成。

03 检查并完善细节。

6.2 男装手稿绘制

6.2.1 T恤

绘画技法：平涂法、渲染法
工具材料：自动铅笔、毛质画笔、勾线笔、水彩颜料、素描纸

01　用自动铅笔起稿，绘制出服装款式的着装线稿与印花图案等。

服装线稿绘制的好坏决定上色时的运笔是否顺意。

02　选择赭石色颜料作为皮肤色，运用平涂法给人体皮肤上色。

肤色高光部位可适当留白，可以在赭石色颜料中加入少量黑色调和后绘制暗部。

03　选择灰色颜料用平涂法给T恤整体上色，然后选择蓝色和橙色颜料用渲染法给图案部分上色。

本次上色为第一遍基础色，无需考虑黑白灰关系，但在服装亮部上色时可以适当留白。

04　选择上一步的基础色加少量黑色颜料调和刻画T恤的灰面和暗面，然后用黑色直接勾画印花图案。

先给灰面上色再给暗面上色。灰面选用大笔上色，暗面选用小笔上色，要习惯先大笔后小笔的绘画步骤。

05　采用渲染法铺设蓝色裤子的底色，通过留白来体现褶皱关系。

裤子的上色面积大时，笔触上的水分可以饱满一些。本次上色为裤子的第一遍基础色，无需考虑黑白灰关系，但需根据衣纹走向来确定上色运笔的方向。

06 添加裤子上褶皱的阴影，表现出裤子的立体感。

绘画过程中运笔的速度和轻重是决定画面上色效果的关键，一般运笔快时笔触痕迹浅而干爽，运笔慢时笔触痕迹深而湿润。

08 勾勒五官、四肢、服装和服饰配件的结构线及轮廓线，并完善各部位细节的刻画。

由于男性人体肤色较女性人体肤色暗一些，所以可以直接用黑色颜料勾线，服装也可以选择黑色颜料勾线。

07 选用青莲色和橙色颜料以平涂的方法给鞋子整体上色，然后用小画笔添加阴影并刻画细节。

一定要等色块干透后再上相邻的色，否则会相互侵染。

6.2.2 毛衫

绘画技法：平涂法、渲染法
工具材料：自动铅笔、毛质画笔、水性笔、水彩颜料、素描纸

01 用自动铅笔起稿，绘制出服装款式着装线稿效果图。

02 用赭石颜料和适量的清水调和成图例所示的皮肤色，然后运用平涂法给人体皮肤部位上色。

03 采用平涂法铺设淡蓝色毛衫的底色。

面料褶皱感可以通过运笔的快慢来体现，运笔速度快画面上的颜色会淡一些，运笔速度慢画面上的颜色会深一些。

04 用蓝色和少量黑色颜料调和，表现出毛衫的灰面和暗面，然后用黑色颜料直接勾画面料的纹理部位。

05 采用渲染法铺设灰色裤子的底色，通过运笔速度的快慢来体现褶皱的明暗关系。

06 强调裤子上褶皱的阴影，表现出裤子的立体感。

08 勾勒五官、四肢、服装和服饰配件的结构线及轮廓线，并完善各部位细节的刻画。

毛衫面料有一定的厚度，所以勾线时可以用粗线条，反之，面料薄时勾线用细线条。

07 用蓝色颜料以平涂的方法给鞋子整体上色，然后用小画笔添加阴影并刻画细节。

鞋子的配色可以与毛衫的颜色呼应。

6.2.3 外套

绘画技法：平涂法、渲染法
工具材料：自动铅笔、毛质画笔、水性笔、水彩颜料、素描纸

01 用自动铅笔起稿，绘制出服装款式着装线稿效果图。

02 用赭石颜料和适量的清水调和成图例所示的皮肤色，然后运用平涂法给人体皮肤部位上色。

03 采用平涂法给蓝紫色T恤上色，并用黑色颜料勾画出图案。

先给 T恤上色是因为T恤在外套的里面，通常采用由里到外的服装上色顺序。

04 选择熟褐颜料，采用平涂法铺设咖啡色外套的底色。

05 在熟褐色中加入少量黑色颜料调和，表现出外套的灰面、暗面以及衣纹关系。

06 采用渲染法铺设蓝灰色裤子的底色，通过运笔速度的快慢来体现褶皱的明暗关系。

07 加深裤子的色调，进一步强调出裤子上褶皱的阴影，表现出裤子的立体感。

08 用橙色颜料以平涂的方法给鞋子和皮带上色，然后用小画笔添加阴影并刻画细节。

09 勾勒五官、四肢、服装和服饰配件的结构线及轮廓线，并完善各部位细节的刻画。

6.3 女装手稿绘制

6.3.1 外套

绘画技法： 留白法、平涂法和渲染法
工具材料： 自动铅笔、毛质画笔、勾线笔、水彩颜料和素描纸

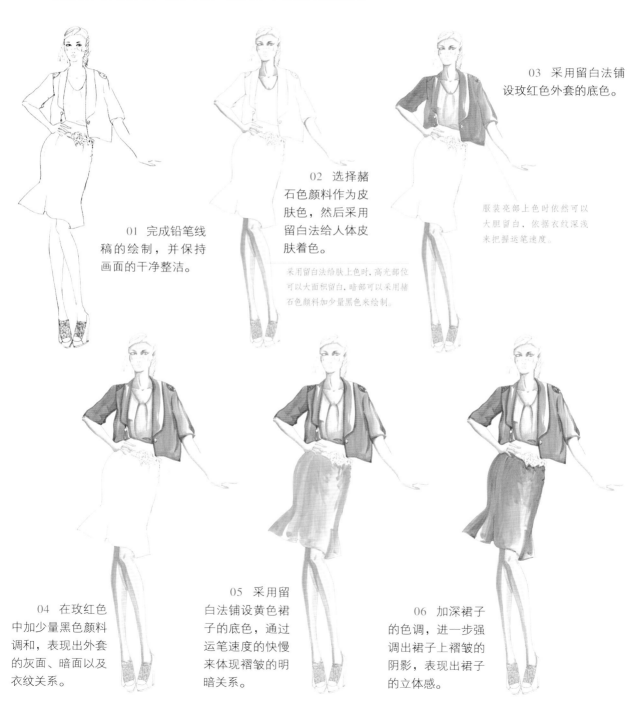

03 采用留白法铺设玫红色外套的底色。

服装亮部上色时依然可以大胆留白，依据衣纹深浅来把握运笔速度。

01 完成铅笔线稿的绘制，并保持画面的干净整洁。

02 选择赭石色颜料作为皮肤色，然后采用留白法给人体皮肤着色。

采用留白法给肤上色时，高光部位可以大面积留白，暗部可以采用赭石色颜料加少量黑色来绘制。

04 在玫红色中加少量黑色颜料调和，表现出外套的灰面、暗面以及衣纹关系。

05 采用留白法铺设黄色裙子的底色，通过运笔速度的快慢来体现褶皱的明暗关系。

06 加深裙子的色调，进一步强调出裙子上褶皱的阴影，表现出裙子的立体感。

07　选用与服装接近的玫红色颜料以留白的方法给鞋子和腰饰上色，然后用小画笔添加阴影并刻画细节。

09　勾勒五官、四肢、服装和服饰配件的结构线及轮廓线，并完善各部位细节的刻画。

具体方法参照之前的五官与发型上色知识。

女人皮肤可以留下铅笔印迹而选择不勾线。

08　对头部进行刻画，用小画笔给头发和五官上色。

6.3.2 连衣裙

绘画技法：留白法和平涂法
工具材料：自动铅笔、毛质画笔、勾线笔、水彩颜料和素描纸

01 用自动铅笔起稿，绘制出服装款式的着装线稿与服饰图案。

02 选择赭石色颜料作为皮肤色，然后采用留白法绘制人体皮肤。

留白法给肤色上色时，肤色亮面与暗面的对比关系较强烈，这也是留白法的特征。

03 采用平涂和留白法相结合的方法铺设连衣裙的底色。

04 在上一遍颜色的基础上加少量黑色颜料调和，表现出连衣裙的灰面、暗面以及衣纹关系。

05 直接选用小画笔点上白色颜料，采用点绘法提亮服装的亮片部分。

06　选用与服装接近的蓝色颜料以平涂的方法给鞋子上色，然后用小画笔添加阴影并刻画细节。

08　勾勒五官、四肢、服装和服饰配件的结构线及轮廓线，并完善各部位细节的刻画。

07　选用小画笔用裙子的暗部颜色给头发上色，然后用赭石颜料给眼睛和鼻子上色，接着用红色颜料给嘴巴上色。

女人皮肤也可以直接用皮肤暗部色勾线。

6.3.3 裤子

绘画技法：留白法和平涂法
工具材料：自动铅笔、毛质画笔、勾线笔、水彩颜料和素描纸

01 用自动铅笔起稿，绘制出服装款式着装线稿效果图。

02 选择赭石色颜料作为皮肤色，采用留白法给皮肤部位上色。

采用留白法给肤色上色时，高光部位可以大面积留白，暗部可以采用赭石色颜料加少量黑色来绘制。

03 采用平涂法铺设白色的T恤和兰色的外套底色。

04 在底色的基础上加少量黑色颜料调和，然后用小画笔表现出外套的灰面、暗面以及衣纹关系。

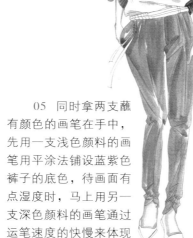

05 同时拿两支蘸有颜色的画笔在手中，先用一支浅色颜料的画笔用平涂法铺设蓝紫色裤子的底色，待画面有点湿度时，马上用另一支深色颜料的画笔通过运笔速度的快慢来体现褶皱的明暗关系。

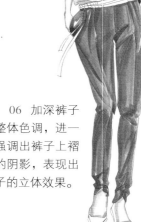

06 加深裤子的整体色调，进一步强调出裤子上褶皱的阴影，表现出裤子的立体效果。

07 选用与鞋子接近的蓝紫色颜料以留白的方法给鞋子和腰饰上色，然后用小画笔添加阴影并刻画细节。

09 勾勒五官、四肢、服装和服饰配件的结构线及轮廓线，并完善各部位细节的刻画。

08 选用小画笔给头发和五官上色，并表现出明暗效果。

女人皮肤勾线，也可根据着装风格来决定是否直接用黑色勾线，通常优雅型用皮肤暗部颜色勾线；端庄型平涂皮肤色而不勾线；潇洒型用铅笔或黑色勾线。

6.4 童装手稿绘制

6.4.1 男小童

绘画技法：平涂法和渲染法
工具材料：自动铅笔、毛质画笔、勾线笔、水彩颜料和素描纸

01 用自动铅笔起稿，完成铅笔线稿的绘制。

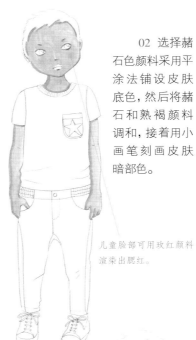

02 选择赭石色颜料采用平涂法铺设皮肤底色，然后将赭石和熟褐颜料调和，接着用小画笔刻画皮肤暗部色。

儿童脸部可用玫红颜料渲染出腮红。

03 选择蓝色颜料用平涂法铺设T恤底色。

04 先选择蓝色加少量黑色颜料调和，绘制出T恤的灰面、暗面和衣纹关系，然后选用小画笔刻画口袋结构线及图案部分。

05 采用平涂法铺设蓝色裤子的底色，通过上色画笔的运笔速度来体现褶皱关系。

06 进一步强调裤子上褶皱的阴影，表现出裤子的立体感。

07 将蓝色颜料和黑色调和后，以平涂的方法给鞋子上色，然后用小画笔添加阴影并刻画细节。

根据鞋子的质感考虑是否需要留白，当皮质与布料相拼时要区别出质感效果。

09 勾勒五官、四肢、服装和服饰配件的结构线及轮廓线，并完善各部位细节的刻画。

儿童的眉毛不宜画得太深。

男童皮肤和服装可以用黑色颜料来勾线。

08 选用小画笔给头发和五官上色，并表现出明暗效果。

6.4.2 女小童

绘画技法：平涂法和渲染法
工具材料：自动铅笔、毛质画笔、勾线笔、水彩颜料和素描纸

01 绘制出服装款式的铅笔线稿，并保证画面的整洁度。

02 用赭石加少量白色颜料调和作为皮肤色，然后运用平涂法铺设皮肤底色，接着加深皮肤色，并刻画皮肤暗部。

03 选择紫色和橙色颜料，采用平涂法铺设服装底色。

04 加深服装的颜色，绘制出服装的灰面、暗面和衣纹关系，然后选用小画笔刻画细节部位。

05 选用小画笔给头发、五官和鞋子上色，并表现出明暗效果。

07 勾勒五官、四肢、服装和服饰配件的结构线及轮廓线，并完善各部位细节的刻画。

女童可以用皮肤色加少许黑色颜料来勾线。

06 选择适合的色彩颜料给眼睛和嘴巴上色，并用黑色颜料勾画其结构。

6.4.3 男大童

绘画技法： 平涂法和渲染法
工具材料： 自动铅笔、毛质画笔、勾线笔、水彩颜料和素描纸

01 用自动铅笔起稿，绘制出服装款式的着装线稿。

02 先选择赭石色颜料，用平涂法铺设皮肤底色，然后用赭石加熟褐颜料调和后，用小画笔刻画皮肤暗部色。

03 准备好上衣所需的熟褐、青色、蓝色和紫色，从T恤开始依次选择图例所示颜色用平涂法铺设服装底色。

04 外套口袋部分可以直接选用青色颜料刻画口袋的灰面；外套衣身部位先选择熟褐加少量黑色颜料调和，绘制出外套的灰面、暗面和衣纹关系，再选用小画笔刻画T恤图案部分。

05 采用平涂法铺设黄色裤子的底色，通过画笔的运笔速度及运笔方向来体现衣纹的褶皱关系。

06 进一步强调出裤子上褶皱的阴影，表现出裤子的立体感。

裤子质感比较硬朗，运笔时需迅速一点，不要在画面上停留。

07 选用裤子和外套的颜色作为鞋子的配色，平涂鞋子部位，然后用小画笔添加阴影并刻画细节。

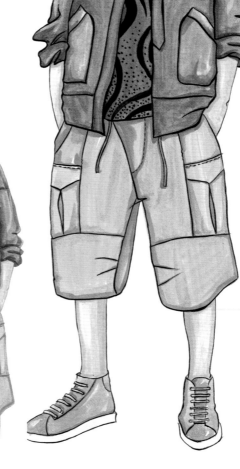

09 勾勒五官、四肢、服装和服饰配件的结构线及轮廓线，并完善各部位细节的刻画。

男童的皮肤和服装轮廓可以用黑色颜料勾线。

08 给头发和五官上色，并表现出明暗效果。

6.4.4 女大童

绘画技法：平涂法、渲染法
工具材料：自动铅笔、毛质画笔、勾线笔、水彩颜料、素描纸

01 用自动铅笔绘制细致的铅笔线稿，包括纽扣和结构线等细节。

02 选择赭石加入少量白色颜料作为皮肤色，先运用平涂法铺设皮肤底色，再加深皮肤色，并刻画皮肤暗部。

女大童的皮肤色比女小童的皮肤色淡一些，脸部也可用玫红颜料渲染出腮红。

03 选择深红色加少量黑色调和，然后用渲染法铺设服装底色。

服装分割线多时，应分块上色。

04 加深服装的颜色，绘制出服装的灰面、暗面和衣纹关系，然后选用小画笔刻画细节部位。

05 如果包包不是表现的主体时，可以简略处理上色效果，强调画面的主次关系。

06 选用黄色颜料以平涂的方法给鞋子上色，然后用小画笔添加阴影并刻画细节。

08 勾勒五官、四肢、服装和服饰配件的结构线及轮廓线，并完善各部位细节的刻画。

07 选用小画笔，给头发和五官上色，并表现出明暗效果。

■附录1 服装设计版单实例参考■

男装背心

某品牌服装版单

LOGO

款号	11MS0911	产品名称	男式背心	风格	时尚
		款式来源	■彩图 □样衣 □套版	主题/常销	主题
模块号	10AS0903	下图日期		唛头	A3
		上市日期	2011.3.25	后工艺	印花
订单性质	■ 计划　　□ 应急	SKU数	1SKU	设计师签字	李伟
系列主题	夏.曲	廓形	修身型		

样衣尺码	S
上身部位	要求尺寸
胸围	
腰围	
肩宽	
前领宽	
前领深	
前中长	
后中长	
袖长	
袖口围	
夹圈	
下身部位	要求尺寸
裤长	
腰围	
坐围	
前浪	
后浪	
大腿围	
膝围	
脚口围	
备注	

水印

1.2CM捆边

面辅料粘贴处

A布

设计主管
审核

男装T恤

某品牌服装版单

LOGO

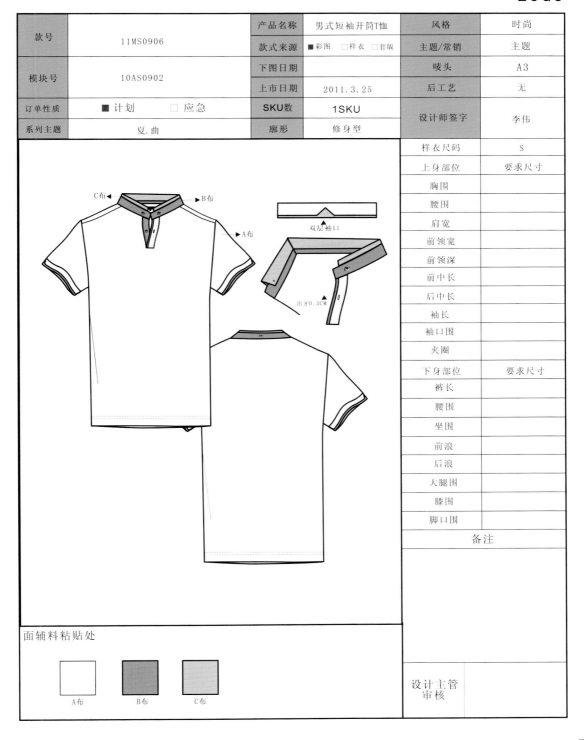

款号	11MS0906	产品名称	男式短袖开筒T恤	风格	时尚
		款式来源	■彩图 □样衣 □套版	主题/常销	主题
模块号	10AS0902	下图日期		唛头	A3
		上市日期	2011.3.25	后工艺	无
订单性质	■计划　□应急	SKU数	1SKU	设计师签字	李伟
系列主题	夏.曲	廓形	修身型		

样衣尺码	S
上身部位	要求尺寸
胸围	
腰围	
肩宽	
前领宽	
前领深	
前中长	
后中长	
袖长	
袖口围	
夹圈	
下身部位	要求尺寸
裤长	
腰围	
坐围	
前浪	
后浪	
大腿围	
膝围	
脚口围	
备注	

面辅料粘贴处

A布　B布　C布

设计主管审核

男装衬衣

某品牌服装版单

LOGO

款号	11MS0914	产品名称	男式中袖衬衫	风格	时尚
		款式来源	■彩图 □样衣 □套版	主题/常销	主题
模块号	10AS0903	下图日期		唛头	A3
		上市日期	2011.3.25	后工艺	无
订单性质	■ 计划 □ 应急	SKU数	1SKU	设计师签字	李伟
系列主题	夏.曲	廓形	修身型		

样衣尺码	S
上身部位	要求尺寸
胸围	
腰围	
肩宽	
前领宽	
前领深	
前中长	
后中长	
袖长	
袖口围	
夹圈	
下身部位	要求尺寸
裤长	
腰围	
坐围	
前浪	
后浪	
大腿围	
膝围	
脚口围	
备注	

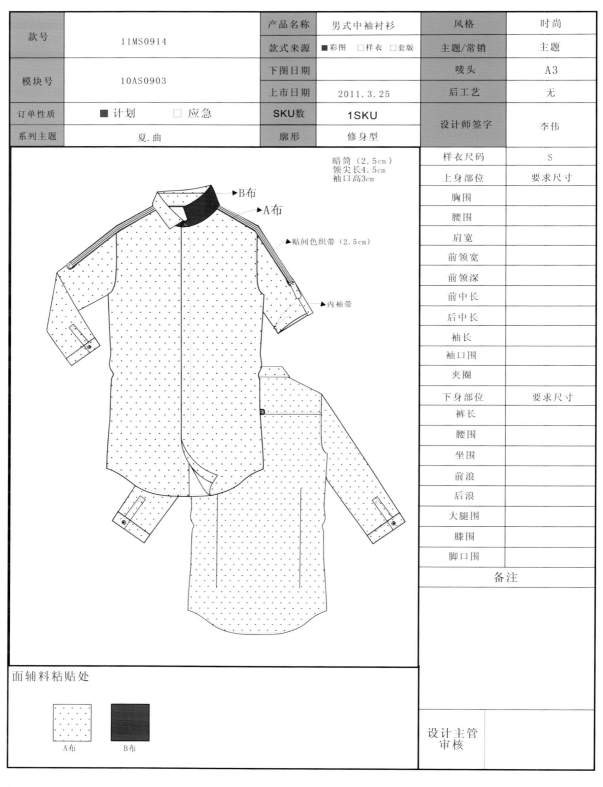

暗筒（2.5cm）
领尖长4.5cm
袖口高3cm

►B布
►A布
►贴间色织带（2.5cm）
►内袖带

面辅料粘贴处

A布　　B布

设计主管
审核

男装马夹

某品牌服装版单

LOGO

款号	11MS0904	产品名称	男式马夹	风格	时尚
		款式来源	■彩图　□样衣　□套版	主题/常销	主题
模块号	10AS0901	下图日期		唛头	A1
		上市日期	2011.3.25	后工艺	无
订单性质	■ 计划　　□ 应急	SKU数	1SKU	设计师签字	李伟
系列主题	夏.曲	廓形	修身型		

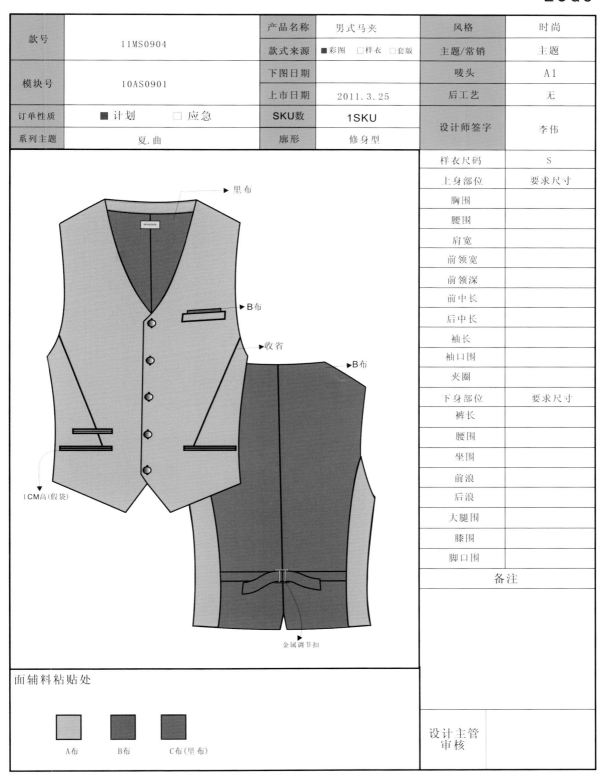

里布
B布
收省
B布
1CM高(假袋)
金属调节扣

样衣尺码	S
上身部位	要求尺寸
胸围	
腰围	
肩宽	
前领宽	
前领深	
前中长	
后中长	
袖长	
袖口围	
夹圈	
下身部位	要求尺寸
裤长	
腰围	
坐围	
前浪	
后浪	
大腿围	
膝围	
脚口围	
备注	

面辅料粘贴处

A布　　B布　　C布(里布)

设计主管
审核

男装西装

某品牌服装版单

LOGO

款号	11MS0905	产品名称	男式西装	风格	时尚
		款式来源	■彩图 □样衣 □套版	主题/常销	主题
模块号	10AS0901	下图日期		唛头	A1
		上市日期	2011.3.25	后工艺	无
订单性质	■ 计划　　□ 应急	SKU数	1SKU	设计师签字	李伟
系列主题	夏.曲	廓形	合体型		

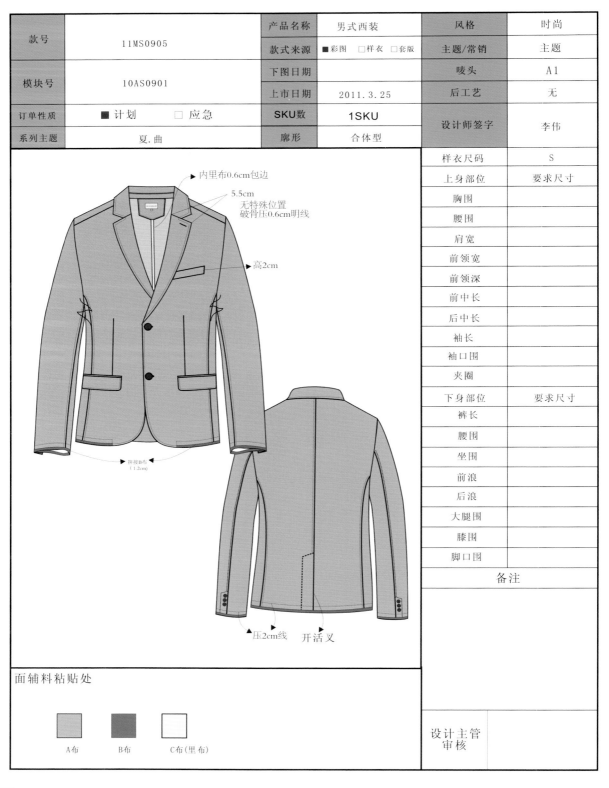

内里布0.6cm包边
5.5cm
无特殊位置
破骨压0.6cm明线
高2cm
拼接B布
（1.2cm）
压2cm线　　开活叉

样衣尺码	S
上身部位	要求尺寸
胸围	
腰围	
肩宽	
前领宽	
前领深	
前中长	
后中长	
袖长	
袖口围	
夹圈	
下身部位	要求尺寸
裤长	
腰围	
坐围	
前浪	
后浪	
大腿围	
膝围	
脚口围	
备注	

面辅料粘贴处

A布　　B布　　C布(里布)

设计主管
审核

男装夹克

某品牌服装版单

LOGO

款号	11MS0910	产品名称	男式夹克	风格	时尚
		款式来源	■彩图　□样衣　□套版	主题/常销	主题
模块号	10AS0902	下图日期		唛头	A1
		上市日期	2011.3.25	后工艺	无
订单性质	■ 计划　　　□ 应急	SKU数	1SKU	设计师签字	李伟
系列主题	夏.曲	廓形	修身型		

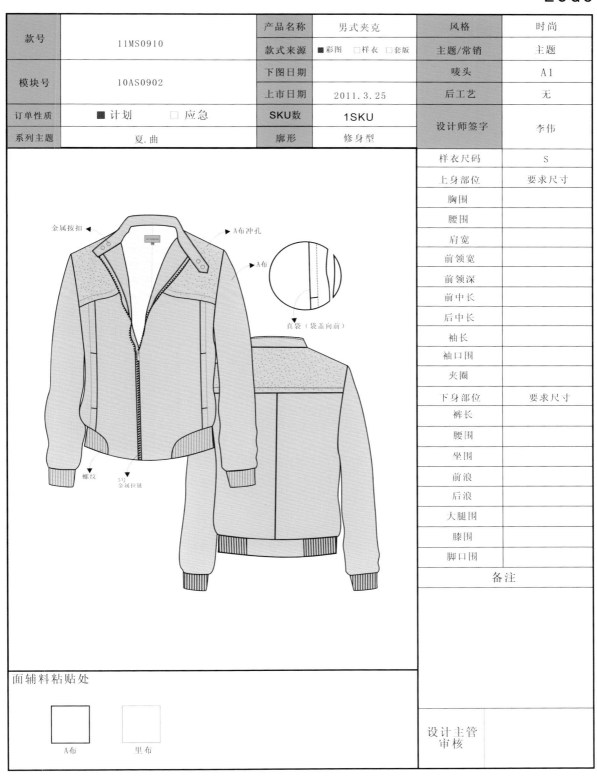

样衣尺码	S
上身部位	要求尺寸
胸围	
腰围	
肩宽	
前领宽	
前领深	
前中长	
后中长	
袖长	
袖口围	
夹圈	
下身部位	要求尺寸
裤长	
腰围	
坐围	
前浪	
后浪	
大腿围	
膝围	
脚口围	
备注	

面辅料粘贴处

A布　　　里布

设计主管
审核

男装短裤

某品牌服装版单

款号	11MS0915	产品名称	男式短裤	风格	时尚
		款式来源	■彩图 □样衣 □套版	主题/常销	主题
模块号	10AS0903	下图日期		唛头	A3
		上市日期	2011.3.25	后工艺	无
订单性质	■计划　□应急	SKU数	1SKU	设计师签字	李伟
系列主题	夏.曲	廓形	修身型		

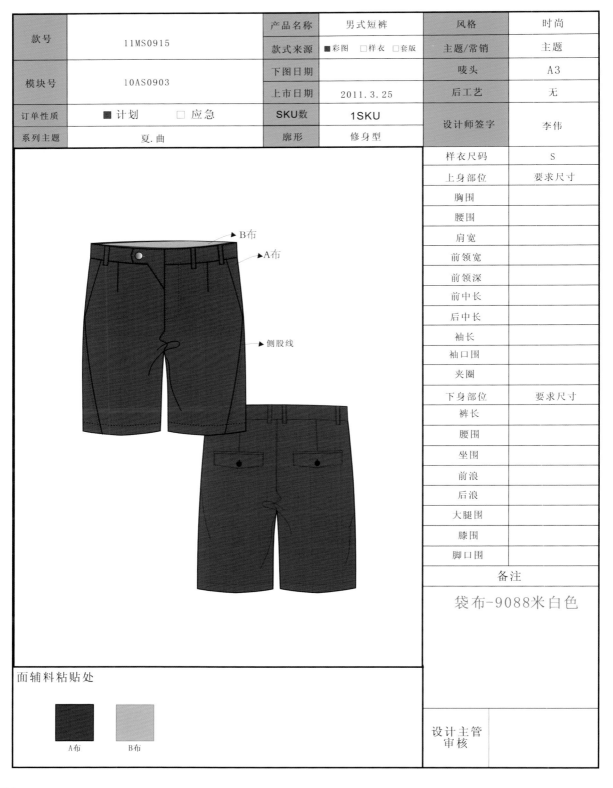

样衣尺码	S
上身部位	要求尺寸
胸围	
腰围	
肩宽	
前领宽	
前领深	
前中长	
后中长	
袖长	
袖口围	
夹圈	
下身部位	要求尺寸
裤长	
腰围	
坐围	
前浪	
后浪	
大腿围	
膝围	
脚口围	

备注

袋布-9088米白色

面辅料粘贴处

A布　　B布

设计主管
审核

男装长裤

某品牌服装版单

LOGO

款号	11MS0903	产品名称	男式长裤	风格	时尚
		款式来源	■彩图　□样衣　□套版	主题/常销	主题
模块号	10AS0901	下图日期		唛头	A3
		上市日期	2011.3.25	后工艺	无
订单性质	■ 计划　　□ 应急	SKU数	1SKU	设计师签字	李伟
系列主题	夏.曲	廓形	小直筒裤		

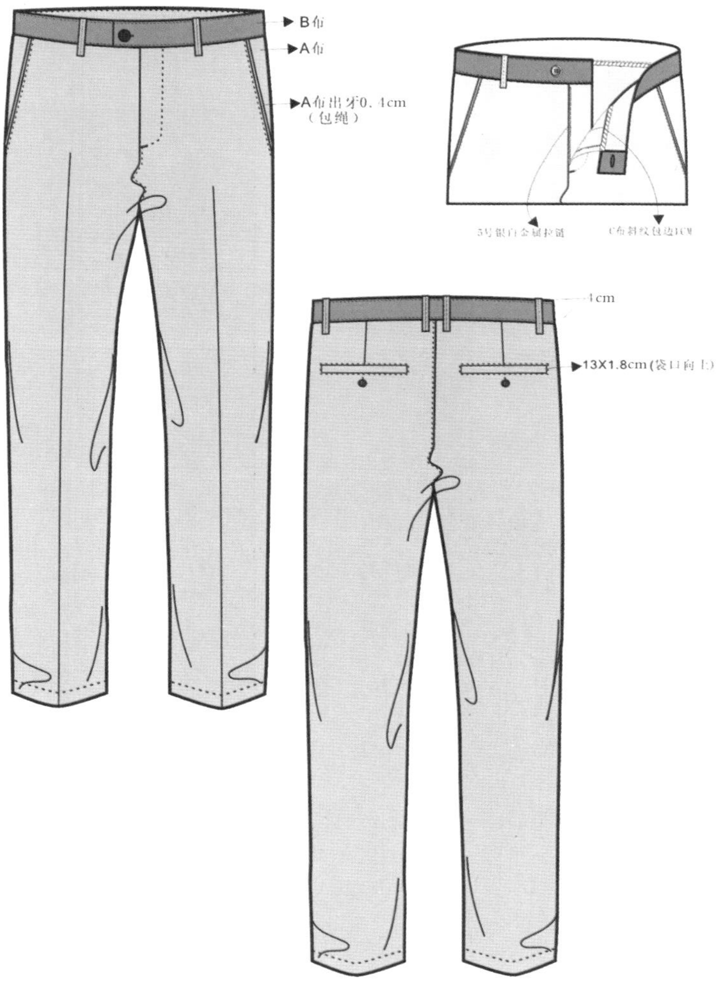

图示说明：
- ▶B布
- ▶A布
- ▶A布出牙0.1cm（包绳）
- 5号银白金属拉链
- C布斜纹包边1CM
- ~1cm
- ▶13X1.8cm(袋口向上)

样衣尺码	S
上身部位	要求尺寸
胸围	
腰围	
肩宽	
前领宽	
前领深	
前中长	
后中长	
袖长	
袖口围	
夹圈	
下身部位	要求尺寸
裤长	
腰围	
坐围	
前浪	
后浪	
大腿围	
膝围	
脚口围	
备注	
设计主管审核	

面辅料粘贴处

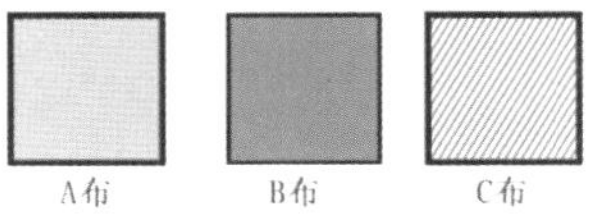

A布　　B布　　C布

男装连体裤

某品牌服装版单

LOGO

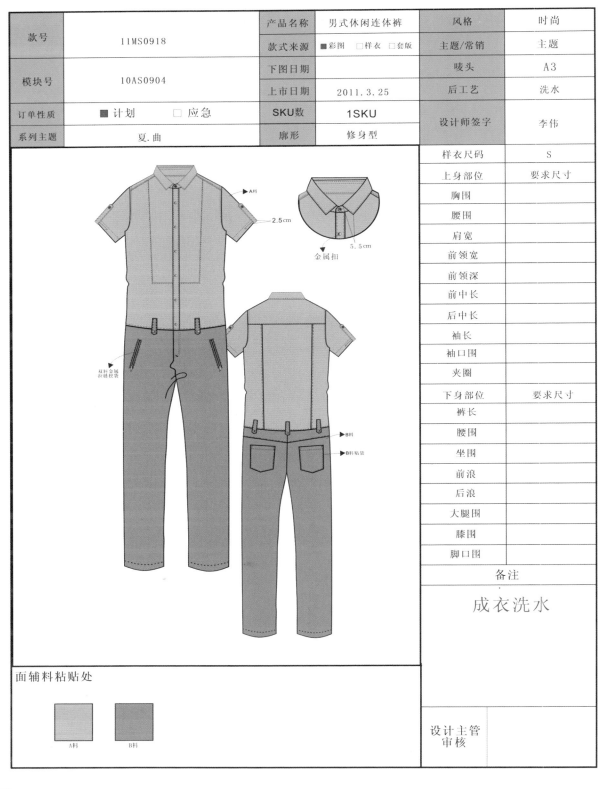

		产品名称	男式休闲连体裤	风格	时尚
款号	11MS0918	款式来源	■彩图 □样衣 □套版	主题/常销	主题
		下图日期		唛头	A3
模块号	10AS0904	上市日期	2011.3.25	后工艺	洗水
订单性质	■ 计划 □ 应急	SKU数	1SKU	设计师签字	李伟
系列主题	夏.曲	廓形	修身型		

样衣尺码	S
上身部位	要求尺寸
胸围	
腰围	
肩宽	
前领宽	
前领深	
前中长	
后中长	
袖长	
袖口围	
夹圈	
下身部位	要求尺寸
裤长	
腰围	
坐围	
前浪	
后浪	
大腿围	
膝围	
脚口围	
备注	
成衣洗水	

面辅料粘贴处

A料   B料

设计主管
审核

女装T恤

某品牌服饰　　　　　　　　　　样　品　初　版　版　单　（　上　身　）

款号：09S-Z012	面料：09S-011 木代尔平纹布	期数：		制单日期：	返版期：	
款式：合体圆领短袖两件套t恤	里料：　　　　袋布：	生产厂商：		部位（单位：厘米）	SIZE	M
				胸阔（夹下1″度）		
				衫长（后中度）		
				腰阔		
				衫脚阔		
				膊阔（肩点至肩点）		
				袖长		
				夹阔（直度）		
				袖髀阔（夹下1″度）		
				袖口阔		
				袖口高		
				后领阔		
				前领深		
				后领深		
				领尖长		
				后领中高		
				上级领中高		
				下级领中高		
工艺说明：				前筒（长*宽）		
				前袋（长*宽）		
				后袋（长*宽）		

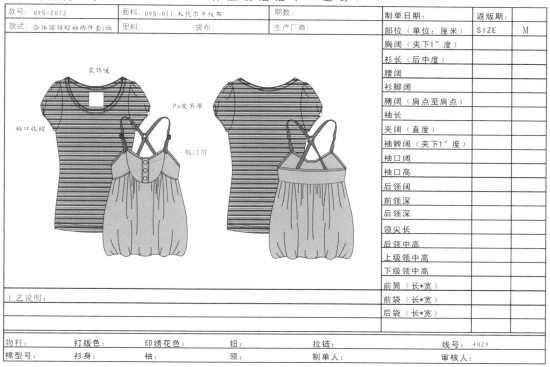

物料：	打版色：	印绣花色：	钮：	拉链：		线号：402#
棉型号：	衫身：	袖：	领：	制单人：		审核人：

装饰唛　Pu皮吊带　袖口收褶　假门筒

女装衬衣

某品牌服饰　　　　　　　　　　样　品　初　版　版　单　（　上　身　）

款号：09S-S016	面料：09S-008 横条丝棉布	期数：		制单日期：	返版期：	
款式：合体反领短袖连体衬衣	里料：　　　　袋布：	生产厂商：		部位（单位：厘米）	SIZE	M
				胸阔（夹下1″度）		
				衫长（后中度）		
				腰阔		
				衫脚阔		
				膊阔（肩点至肩点）		
				袖长		
				夹阔（直度）		
				袖髀阔（夹下1″度）		
				袖口阔		
				袖口高		
				后领阔		
				前领深		
				后领深		
				领尖长		
				后领中高		
				上级领中高		
				下级领中高		
				前筒（长*宽）		
工艺说明：				前袋（长*宽）		
				后袋（长*宽）		

净色薄棉布做门襟贴　Logo牌　16#衬衣钮　净色薄棉布做下脚　14#塑胶四合扣

物料：	打版色：	印绣花色：	钮：	拉链：		线号：402#
棉型号：	衫身：	袖：	领：	制单人：		审核人：

女装连衣裙

某品牌服饰　　　样 品 初 版 版 单 （ 上 身 ）

款号：09S-S022	面料：09S-002 混纺棉	期数：		制单日期：	返版期：	
款式：合体圆领拼接连衣裙	里料：薄哑沙的　　袋布：	生产厂商：		部位（单位：厘米）	SIZE	M
				胸阔（夹下1"度）		
				衫长（后中度）		
				腰阔		
				衫脚阔		
				膊阔（肩点至肩点）		
				袖长		
				夹阔（直度）		
				袖髀阔（夹下1"度）		
				袖口阔		
				袖口高		
				后领阔		
				前领深		
				后领深		
				领尖长		
				后领中高		
				上级领中高		
				下级领中高		
				前筒（长*宽）		
工艺说明：				前袋（长*宽）		
				后袋（长*宽）		

双层原身布领贴
宽纹木代尔平纹布
开插袋
腰上车裙
1/2"环口车

物料：	打版色：	印绣花色：	钮：	拉链：		线号：402#	
棉型号：	衫身：	袖：	领：	制单人：		审核人：	

女装外套

某品牌服饰　　　样 品 初 版 版 单 （ 上 身 ）

款号：09S-S026	面料：09S-0029 丝棉	期数：		制单日期：	返版期：	
款式：松身短袖连帽上衣外套	里料：　　袋布：	生产厂商：		部位（单位：厘米）	SIZE	M
				胸阔（夹下1"度）		
				衫长（后中度）		
				腰阔		
				衫脚阔		
				膊阔（肩点至肩点）		
				袖长		
				夹阔（直度）		
				袖髀阔（夹下1"度）		
				袖口阔		
				袖口高		
				后领阔		
				前领深		
				后领深		
				领尖长		
				后领中高		
				上级领中高		
				下级领中高		
				前筒（长*宽）		
工艺说明：				前袋（长*宽）		
				后袋（长*宽）		

撞色木代尔平纹布 09s-011
装饰咪
撞色条纹木代尔平纹布
撞色立体胶印
袖口配色木代尔平纹布
撞色皮卡钟
撞色吊钟
撞色3#白铜牙拉链、露齿

物料：	打版色：	印绣花色：	钮：	拉链：		线号：602#	
棉型号：	衫身：	袖：	领：	制单人：		审核人：	

女装裙子

某品牌服饰　　　　样 品 初 版 版 单 （ 下 身 ）

款号：09S-033	面料：薄牛仔		期数：	制单日期：	返版期：	
款式：中低腰合体拼雪纺短裙	里料：	袋布：	生产厂商：	部位（单位：厘米）	SIZE	
				腰围（直度）	30	
				裤头高/裙头高	$1\frac{1}{2}$	
				坐围（浪上　V度）	$35\frac{1}{2}$	
				前浪（连裤头）直度		
				后浪（连裤头）直度		
				内长（浪底度）		
				外长（连裤头/裙头直度）	18	
				髀围（浪下1"度）		
				膝围（浪下13"度）		
				脚阔		
				脚高		
				钮牌（长*宽）		
				前袋（长*宽）		
				后袋（长*宽）/（上宽*高*下宽）		
				叉高		
				耳仔（长*宽）		
				拉链长（做好计）		
工艺说明：						
物料：	印绣花色：			线号：面606底402		
拉链：			制单人：		审核人：	

深克叻撞钉
金色绣线（拨针绣）
金色打枣
车3线中间为金线
拼配色雪纺边缘矿撕

女装短裤

某品牌服饰　　　　样 品 初 版 版 单 （ 下 身 ）

款号：09S-031	面料：骑兵斜		期数：	制单日期：	返版期：	
款式：中低腰泡脚短裤	里料：	袋布：	生产厂商：	部位（单位：厘米）	SIZE	
				腰围（直度）	$30\frac{1}{2}$	
				裤头高/裙头高	$1\frac{3}{4}$	
				坐围（浪上　V度）	36	
				前浪（连裤头）直度	$8\frac{1}{4}$	
				后浪（连裤头）直度	$13\frac{1}{2}$	
				内长（浪底度）	8	
				外长（连裤头/裙头直度）		
				髀围（浪下1"度）		
				膝围（浪下13"度）		
				脚阔		
				脚高		
				钮牌（长*宽）		
				前袋（长*宽）		
				后袋（长*宽）/（上宽*高*下宽）		
				叉高		
				耳仔（长*宽）		
				拉链长（做好计）		
工艺说明：						
物料：	印绣花色：			线号：面606底402		
拉链：			制单人：		审核人：	

装饰唛
内腰贴条纹棉布
白色腰带贴车3条撞色皮
腰侧装1/4棉织带挂耳
前中3#配色双骨拉链
24#装饰钮
成衣酵洗加软

女装长裤

某品牌服饰　　　　样 品 初 版 版 单 （ 下 身 ）

款号：09S-034	面料：薄牛仔		期数：	制单日期：		返版期：	
款式：中低腰合体收脚铅笔裤	里料：	袋布：	生产厂商：	部位（单位：厘米）		SIZE	
				腰围（直度）		$29\frac{1}{2}$	
				裤头高/裙头高		$1\frac{1}{2}$	
				坐围（浪上　　V度）		$35\frac{1}{4}$	
				前浪（连裤头）直度		$8\frac{1}{4}$	
				后浪（连裤头）直度		$13\frac{1}{2}$	
				内长（浪底度）		29	
				外长（连裤头/裙头直度）			
				髀围（浪下1"度）			
				膝围（浪下13"度）			
				脚阔			
				脚高			
				钮牌（长*宽）			
				前袋（长*宽）			
				后袋（长*宽）/(上宽*高*下宽)			
				叉高			
				耳仔（长*宽）			
				拉链长（做好计）			
工艺说明：							
物料：		印绣花色：				线号：面T22底402	
拉链：			制单人：			审核人：	

前腰头手针　　前中4YG白铜牙拉链　　银线绣logo
车三线中间为银线
破骨
压皱
袋口手针
银线珠边线
压皱
脚高1 1/4"
脚侧假弧
成衣酵洗加软加手针

女装背带裤

某品牌服饰　　　　样 品 初 版 版 单 （ 下 身 ）

款号：09S-037	面料：弹力斜布		期数：	制单日期：		返版期：	
款式：中低腰合体收脚七分裤	里料：	袋布：	生产厂商：	部位（单位：厘米）		SIZE	
				腰围（直度）		$29\frac{1}{2}$	
				裤头高/裙头高		$1\frac{1}{2}$	
				坐围（浪上　　V度）		$35\frac{3}{4}$	
				前浪（连裤头）直度		$8\frac{1}{2}$	
				后浪（连裤头）直度		$13\frac{1}{4}$	
				内长（浪底度）		20	
				外长（连裤头/裙头直度）			
				髀围（浪下1"度）			
				膝围（浪下13"度）			
				脚阔			
				脚高			
				钮牌（长*宽）			
				前袋（长*宽）			
				后袋（长*宽）/(上宽*高*下宽)			
				叉高			
				耳仔（长*宽）			
				拉链长（做好计）			
工艺说明：							
物料：		印绣花色：				线号：面604底402	
拉链：			制单人：			审核人：	

彩色漆皮背带宽1cm
腰头内车装饰嗖
前中4YG铜牙拉链
彩色线绣logo
袋口缩褶
前幅破骨，缩碎褶
撞色薄棉布包骨
下脚反折4cm
耳仔彩色线打束
后袋车彩色线
成衣酵洗加软

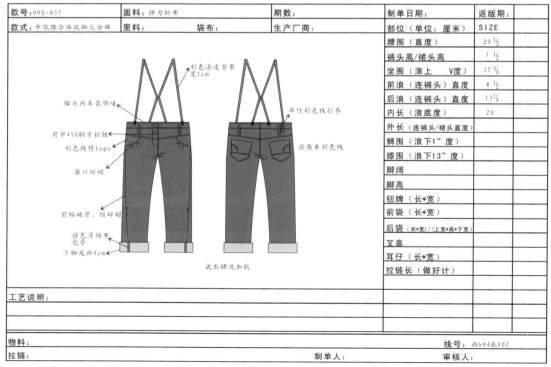

童装毛衫

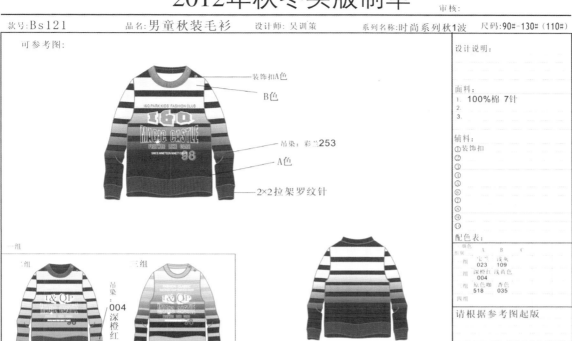

2012年秋冬头版制单

审核:

款号:Bs121　　品名:男童秋装毛衫　　设计师:吴训策　　系列名称:时尚系列秋1波　　尺码:90#-130#（110#）

可参考图:

装饰扣A色
B色
I&Q PARK KIDS' FASHION CLUB
吊染: 彩兰253
A色
2×2拉架罗纹针

一组

二组
三组

吊染:004 深橙红

设计说明:

面料:
1. 100%棉 7针
2.
3.

辅料:
①装饰扣
②
③
④
⑤
⑥
⑦
⑧
⑨
⑩

配色表:

颜色\组别	A	B	C
一组	宝兰 023	浅灰 109	
二组	深橙红 004	浅黄色	
三组	原色翻 518	杏色 035	
四组			

请根据参考图起版

日期:　　　　　　　加工厂:

2012年秋冬印花制单

审核:

颜色\组别	A	B	C	D	E	F	G	H
一组	湖兰	漂白	橙色					
二组	褐色	漂白	深橙红					
三组	橙色	漂白	黄色					
四组								

图案配色及工艺说明:印花
A色(植绒印)
B.C色(胶浆印)

B色　C色　A色　　　B色　C色　A色　　　B色　C色　A色

1组 FASHION - CLASSIC
I&Q PARK KIDS' FASHION CLUB

2组 FASHION - CLASSIC
I&Q PARK KIDS' FASHION CLUB

2组 FASHION - CLASSIC
I&Q PARK KIDS' FASHION CLUB

IGO MAGIC CASTLE FEATHER LIKE CARE SINCE NINETEEN NINETY EIGHT 98

宽20cm按比例

设计师:许进磊

款号: Bs121

图案部位:

尺码 110#

比例:

尺寸:

水平:20cm按比例

垂直:

备注:

日期:　　　　　　　加工厂:

童装马夹

2012年秋冬头版制单

审核:

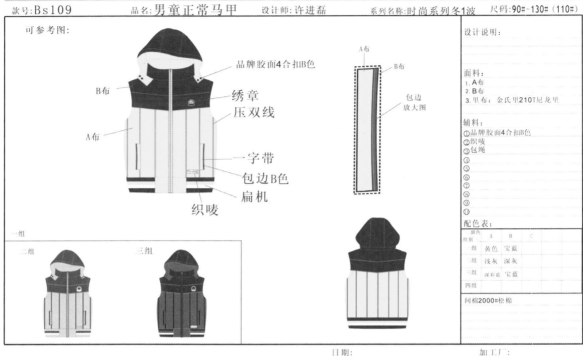

款号:Bs109	品名:男童正常马甲	设计师:许进磊	系列名称:时尚系列冬1波	尺码:90#-130#（110#）

可参考图:

品牌胶面4合扣B色
B布
绣章
压双线
A布
一字带
包边B色
扁机
织唛

一组
二组
三组

A布
B布
包边放大图

设计说明:

面料:
1. A布
2. B布
3. 里布:金氏里210T尼龙里

辅料:
① 品牌胶面4合扣B色
② 织唛
③ 包绳
④
⑤
⑥
⑦
⑧
⑨
⑩
⑪

配色表:

颜色\组别	A	B	C
一组	黄色	宝蓝	
二组	浅灰	深灰	
三组	深彩蓝	宝蓝	
四组			

间棉2000#松棉

日期: 加工厂:

2012年秋冬绣花制单

审核:

颜色\组别	A	B	C	D	E	F	G	H
一组	米白	咖啡	黑色	黄色				
二组	米白	浅灰	黑色	黄色				
三组	米白	浅灰	黑色	深彩蓝				
四组								

绣花图案配色及工艺说明:绣章

一组
D色 B色 A色
C色
Maritime ★ Campus
I&Q PARK
★CLASSIC★
WEAR

二组
B色 A色 D色
C色
Maritime ★ Campus
I&Q PARK
★CLASSIC★
WEAR

三组
B色 A色 D色
C色
Maritime ★ Campus
I&Q PARK
★CLASSIC★
WEAR

高5.5cm按比例
Maritime ★ Campus
I&Q PARK
★CLASSIC★
WEAR

设计师:许进磊

款号:Bs109

图案部位:

尺码: 110#

比例:

尺寸:

水平:

垂直:

备注:

日期: 加工厂:

2012年秋冬织唛制单

审核：

颜色 组别	A	B	C	D	E	F	G	H	
一组	深彩蓝	中灰	白色						设计师：许进磊
二组	咖啡	中灰	白色						款号：Bs109
三组	黄色	中灰	白色						图案部位：
四组									

绣花图案配色及工艺说明：织唛

尺码： 110#
比例：
尺寸：
水平：
垂直：

A色 C色 B色　　A色 C色 B色　　A色 C色 B色

宽6.5cm 按比例

备注：

日期：　　　　　　　　加工厂：

2012年秋冬扁机单

审核：

颜色 组别	A	B	C	D	E	F	G	H	
一组	宝蓝	黄色	米白						设计师：许进磊
二组	浅灰	深灰	米白						款号：Bs109
三组	宝蓝	深彩蓝	米白						图案部位：
四组									

绣花图案配色及工艺说明：绣章

一组

尺码： 110#
比例：
尺寸：
水平：
垂直：

A色2cm
(对准风衣布色)

B色1.5cm

C色1.5cm

A色8cm
(对准风衣布色)

二组

三组

备注：

日期：　　　　　　　　加工厂：

童装外套

2012年秋冬头版制单

审核：

| 款号:Bs133 | 品名:男童卫衣外套 | 设计师：吴训策 | 系列名:时尚系列秋一波 | 尺码:90#-130#（110） |

一组

里布
打码眼穿帽线
织带做领捆
印花
绣花
2X2拉架罗纹
哈苏线
A布
B布
C布
5号胶牙拉链不露齿
扁机

参考图

二组　三组

设计说明：
1.车缝线跟B布色

面料：
A布:抓毛卫衣
B布:抓毛卫衣(印花)
C布:2×2拉架罗纹(跟A布色)
里布:3cm 剪毛(跟A布色)

辅料：
1.主唛
2.1cm棉织带/同B布色
3.5号胶牙拉链

配色表：

颜色 组别	A	B	C
一组	宝蓝	中灰	
二组	彩蓝	花灰	
三组	花灰	花灰	
四组			

备注：
1. 做第二组色
2. 不明之处请与设计师沟通

日期：　　　　　　　　　　　加工厂：

2012年秋冬印花稿制单

审核：

颜色 组别	A	B	C	D	E	F	G	H
一组	彩蓝	深灰	漂白					
二组	宝蓝	金黄	深灰					
三组	宝蓝	金黄	深灰					

设计师：吴训策
款号：Bs133
图案位置：前幅

图案配色及工艺说明：

第一组： A B C

第二组：第三组： A B C

A
B
C

A
B
C

尺码： 110#
比例：
尺寸：按比例
水平：55cm
垂直：

备注：

日期：　　　　　　　　　　　加工厂：

2012年秋冬绣花稿制单

审核：

组别＼颜色	A	B	C	D	E	F	G	H
一组	宝蓝	彩蓝	金黄	漂白				
二组	宝蓝	彩蓝	金黄	漂白				
三组	宝蓝	彩蓝	金黄	漂白				

设计师：吴训策

款号：Bs133

图案配色及工艺说明：

前幅绣章：

第一组：
第二组：
第三组：

A积绒布
B
C
D他他米

E他他米

绣花位置图

尺码：　110#

比例：

尺寸：按比例

水平：

垂直：6.5cm

备注：

日期：　　　　　　　　　　　　　　　　　加工厂：

2012年秋冬印花稿制单

审核：

组别＼颜色	A	B	C	D	E	F	G	H
一组	漂白	大红	宝蓝					
二组	漂白	大红	彩蓝					
三组	漂白	大红	深灰					

设计师：吴训策

款号：Bs132

图案位置：袖子、帽子

图案配色及工艺说明：

第一组：　　　　　　　第二组：　　　　　　　第三组：

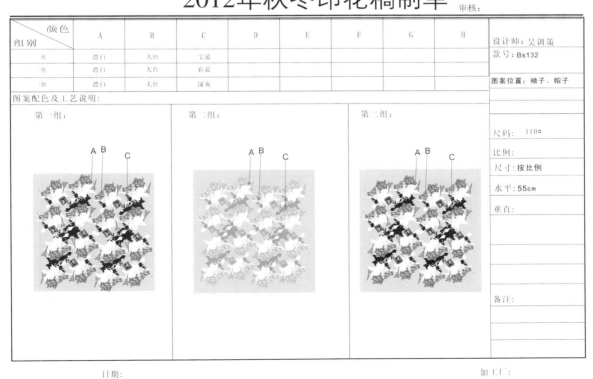

A B　C　　　　　A B　C　　　　　A B　C

尺码：　110#

比例：

尺寸：按比例

水平：55cm

垂直：

备注：

日期：　　　　　　　　　　　　　　　　　加工厂：

童装棉衣

2012年秋冬头版制单

审核：

| 款号：Bs103 | 品名：男童正常款棉衣 | 设计师：许进磊 | 系列名称：时尚系列冬1波 | 尺码：90#-130#（110#） |

可参考图：

胶章
2X2拉架罗纹
三合链
B色
C色
A色
压双线
2X2拉架罗纹
印花
压线
内门襟

设计说明：

面料：
1. 风衣布（名富纺织MF-06110#）
2. 尼龙里（金氏里布-210I）
3.

辅料：
① 品牌扣子
② 三合链
③ 胶章
④
⑤
⑥
⑦
⑧
⑨
⑩

一组

二组　　　三组

配色表：

颜色组别	A	B	C	D	E
一组	黄色	宝蓝	漂白		
二组	宝蓝	深彩蓝	漂白		
三组	咖啡	彩蓝	漂白		
四组					

间棉2000#松棉
左内侧加内口袋（单开开袋）

日期：　　　　　　加工厂：

2012年秋冬绣花制单

审核：

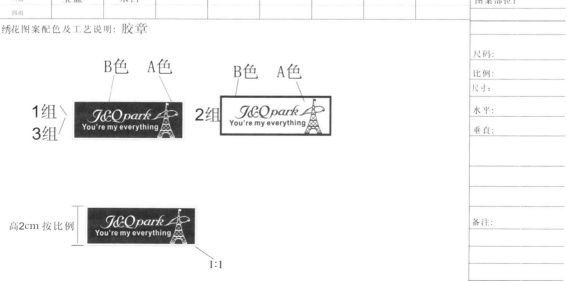

颜色组别	A	B	C	D	E	F	G	H
一组	宝蓝	米白						
二组	米白	宝蓝						
三组	宝蓝	米白						
四组								

设计师：许进磊

款号：Bs103

图案部位：

绣花图案配色及工艺说明：胶章

B色　A色
B色　A色

1组
3组
J&Qpark
You're my everything

2组
J&Qpark
You're my everything

高2cm 按比例
J&Qpark
You're my everything
1:1

尺码：

比例：

尺寸：

水平：

垂直：

备注：

日期：　　　　　　加工厂：

2012年秋冬印花制单

颜色 组别	A	B	C	D	E	F	G	H
一组	宝蓝							
二组	米白							
三组	米白							
四组								

设计师：许进磊

款号：Bs103

图案部位：

尺码：

比例：

尺寸：

水平：

垂直：

备注：

印花图案配色及工艺说明：右袖口锈花（挨针）

A色

宽5cm 按比例

日期：　　　　　　　　　加工厂：

童装大衣

2012年秋冬头版制单

审核：

款号：Bs129　　品名：呢料大衣　　设计师：吴训策　　系列名称：时尚系列秋2波　　尺码：90#-130#（110#）

可参考图：

胶章
铜拉链
A色
C色
B色皮革

扣子

B色2×2拉架罗纹

一组
二组
三组

设计说明：

面料：
1. 友成纺织F8608：1#、2#、5#
2.
3. 3mm超细毛里，水利达纺织

辅料：
① 28#扣子
② 皮革
③ 拉链
④
⑤
⑥
⑦
⑧
⑨
⑩

配色表：

颜色\组别	A	B	C	D	E
一组	灰杏	咖啡	咖啡		
二组	浅灰	深灰	深灰		
三组	深灰	黑色	深彩蓝		
四组					

左内侧加内口袋（单唇开袋）

日期：　　　　　加工厂：

2012年秋冬绣花制单

审核：

颜色\组别	A	B	C	D	E	F	G	H
一组	深彩蓝	灰色	白色					
二组								
三组								
四组								

绣花图案配色及工艺说明：帽子胶章

A色
B色
C色

第一组

高
6.5cm
按比例

设计师：

款号：Bs129

图案部位：

尺码：　110#

比例：

尺寸：

水平：

垂直：

备注：

日期：　　　　　加工厂：

2012年秋冬印花制单

审核：

颜色\组别	A	B	C	D	E	F	G	H
一组	咖啡	白色						
二组	宝蓝	白色						
三组	黑色	白色						
四组								

设计师：

款号：Bs129

图案部位：

印花图案配色及工艺说明：口袋皮革印花

第一组

第二组

第三组

宽3cm按比例

尺码：　110#

比例：

尺寸：

水平：

垂直：

备注：

日期：　　　　　　　　加工厂：

童装T恤

2012年秋冬头版制单

审核：

款号：Bs119　　品名：男童圆领T恤　　设计师：吴训策　　系列名称：时尚系列秋1波　　尺码：130#-160#（150#）

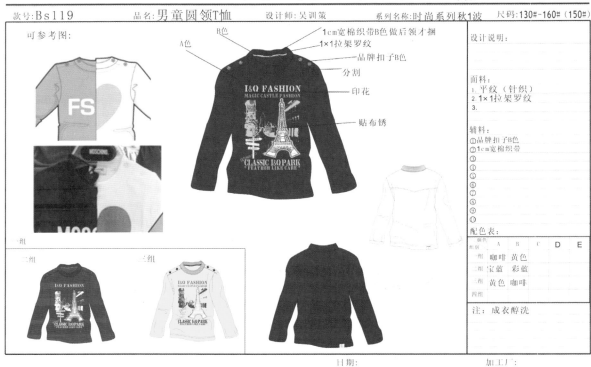

日期：　　　　　　　　　　加工厂：

2012年秋冬印花制单

审核：

组别＼颜色	A	B	C	D	E	F	G	H
一组	黄色	杏色	红色	彩蓝				
二组	黄色	红色	漂色	彩蓝				
三组	彩蓝	红色	咖啡	彩蓝				
四组								

设计师：许进磊

款号：Bs119

图案部位：

尺码：150#

比例：

尺寸：

水平：

垂直：35cm按比例

图案配色及工艺说明：印花(全部胶浆)

高35cm按比例

第一组　　　第二组　　　第三组　　　原图

A色　D色　B色　D色　C色

备注：打四个花片批附　　后花片醇洗

日期：　　　　　　　　　　加工厂：

2012年秋冬绣花制单

审核：

颜色\组别	A	B	C	D	E	F	G	H
一组	咖啡	米白						
二组	彩蓝	米白						
三组	金黄	米白						
四组								

设计师：许进磊

款号：Bs119

图案部位：

尺码： **150#**

比例：

尺寸：

水平：

垂直：高25.8cm比例

备注：印完再绣

绣花图案配色及工艺说明：贴布绣（散口）

A色

第一组　　第二组　　第三组

高 25.8cm 比例

印水浆

底平纹针织B色

原图　MAGIC CASTLE　I&Q KIDS FASHION CLUB　CLASSIC I&Q PARK　FEATHER LIKE CARE

日期：　　　　　　　　加工厂：

■附录2 服装设计师助理培训■

服装设计师助理工作职责

1.学会将新开发的面辅料的资料收集整理及归类

内容包括厂家信息、大货价格、面辅料幅宽和克重，以及同类货品的厂家信息、价位和缩水比例等。

2.采购开发所需的面辅料

设计主管列出采购清单→申请采购费用→实施采购→面辅料回设计室（如果是大宗的面辅料采购，可以向公司申请专门的采购人员进行采购）→安排版房做面料的缩水测试和质量初步测试→收集面料缩水数据和质量信息做面辅料资料卡。

3.协助设计师完成初期样衣的工艺质量检测和实验

将样衣从版房完整送到设计部后，凡是有印绣花、吊染、不同面料不同颜色拼接、撞色棉带以及针织面料上打撞钉等工艺的，必须认真协助设计师检查工艺是否达到要求。检查要点包括印花是否掉色、拔印是否撕裂布面、发泡胶印花是否出现裂痕、绣花是否因为洗水而烂针孔、拼色是否互相浸染、拼布是否因为缩水而烂针孔、撞色棉带是否掉色以及针织面料打钉是否牢固。

协助设计师检查样衣是否做完整。检查要点包括扣子是否齐全、设计师要求的工艺是否做齐以及工艺卡是否写齐全。

4.协助设计主管跟进开发进程

在主管审完设计款式图后，填写设计师出图数量。

每隔3天，统计出设计师的成衣样板数量。

根据设计主管设定的审版时间，及时跟进版房的成衣进度。

5.协助设计师跟进图纸到样板制作的过程

将下发到版房的图纸按设计师进行归类。

初步跟进打版和车版过程。

统计好成衣的版单号、被淘汰样衣的版单号、参加定货会的版单号以及投入大货生产的版单号。

6.对新事物的拓展学习

对新型面、辅料的拓展学习：每周必须安排去面辅料市场1天。一方面增加对面辅料市场的熟悉程度；另一方面可以去寻找更有创意的资源。

了解新型工艺的运用：自己去发现和学习市场上已经出现的新型工艺，并将资源共享。

将现有的公司资源学习消化以后，应该更主动地拓展学习新的知识并且有义务为设计师收集更多新的设计素材。

7.服装设计师助理工作任务分析表

序号	工作项目	工作任务	工作行为	使用频率			难易程度		
				高	中	低	高	中	低
1	接受助理任务	咨询设计师意图	了解助理设计师具体任务及要求	◆			◆		
		接受任务（书面／口头）	采集面料小样	◆					◆
			采集辅料小样	◆					◆
			跟进绣花/印花等工艺	◆					◆
			跟进配色等	◆					◆
2	绘制图稿	服装手稿绘制	手绘或电脑绘制效果图	◆				◆	
			画服装平面结构图	◆				◆	
			手绘或电脑绘制平面结构图和工艺说明细节	◆				◆	
		图案设计稿绘制（绣花／印花）	手绘或电脑设计服装款式的1：1图案稿	◆			◆		
			装饰图案的配色	◆				◆	
			图案材料的选配	◆				◆	
			图案工艺的跟进	◆				◆	
3	相关材料跟进	面料样板跟进	到市场/布行跟进面料样板	◆					◆
		辅料样板跟进	到市场/工厂采购辅料样板跟进（选配、染色等）	◆					◆
4	板衣跟进	工艺、图案装饰跟进	设计和跟进图案装饰图稿	◆				◆	
			图案装饰的配色（绣花、印花洗水等）	◆				◆	
			跟进图案装饰工艺制作	◆				◆	
5	协助补款	补充款式图稿／完善产品结构	协助设计师跟进面料、辅料等		◆			◆	
6	服饰搭配组合	参与服饰的搭配/整理	参与服饰（鞋、帽、包、饰物）的整体搭配		◆			◆	
7	协助产品推广	协助编写产品图文说明	编写产品风格特征、款式特点图文说明		◆			◆	
			特色介绍		◆			◆	
		参与产品静态展示／动态展示	参与策划服装平面展示方案		◆			◆	
			参与策划服装产品订货会展示的方案		◆			◆	

设计开发流程培训

设计总监制定设计主题和开发任务及时间安排→分配工作任务→收集素材→采集面料→画图→设计总监审版→交图进版房→版房主管审版→制作样衣→阶段审版→设计进度登记→制作工艺制单→成本核价→工艺质检→选版试版→整合货品→秀场方案确定→设计制作平面→拍摄制作定货会培训方案→定货品色彩→收尾工作→定货会→会后整理→复查版衣→下单生产→货品完成。

面料基础知识培训

1.织物组织构成

针织物：由纱线顺序弯曲成线圈，线圈相互串套而形成织物。纱线形成线圈的过程，可以横向或纵向地进行，横向编织称为纬编织物，纵向编织称为经编织物。由于针织物的线圈结构特征，单位长度内储纱量较多，因此大多有很好的弹性（这也是针织面料服装样板相对简单且线迹必须有弹性的根本原因）。

梭织物：由两条或两组以上的相互垂直的纱线，以90°角做经纬交织而形成织物。纵向的纱线叫经纱，横向的纱线叫纬纱，其基本组织有平纹、斜纹和缎纹。

2.织物组织单元

针织物：线圈就是针织物的最小基本单元，而线圈是由圈干和延展线组成的呈一定空间的曲线；从厚到薄依次为10支、21支、9支、32支、40支、60支（数字越小，代表面料越厚，数字越大，代表面料越薄）。

梭织物：经纱和纬纱之间的每一个相交点称为组织点，是梭织物的最小基本单元。

3.织物组织特征

针织物：能在各个方向延伸，弹性好；有较大的透气性能，手感松软。

梭织物：梭织物经、纬纱延伸与收缩关系不大，织物一般比较紧密、挺硬。

针织物

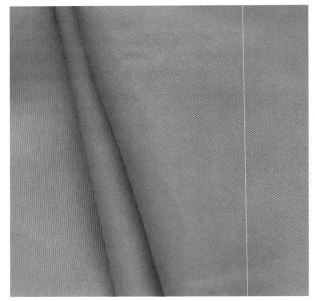

梭织物

4.常用纤维的特征

棉纤维：细而柔软、短纤维、长短不一。

麻：手感硬爽、呈淡黄色，且很难区分出单根纤维。

毛：比棉纤维粗且长、长度在60mm~120mm、手感丰满、富有弹性、纤维卷曲、呈乳白色。

蚕丝：长而均匀的长纤维、细度纤细、手感柔软、光泽柔和、有丝鸣感、呈极淡黄色。

人造丝：有刺眼的光泽、手感柔软、不及蚕丝清爽、有丝鸣感。

涤纶：爽而挺、强力大、弹性较好、不易变形。

锦纶：有蜡光、强力大、弹性好、较涤纶易变形。

5.常用织物的特征

丝织物：绸面明亮、柔和、色泽鲜艳、细薄飘逸。

棉织物：具有天然棉的光泽、柔软但不光滑、坯布布面还有棉籽屑等细小杂质。

毛织物：精纺呢绒类呢面光洁平整、织纹清晰、光泽柔和、富有身骨、弹性好、手感糯滑。

粗纺：呢面丰厚、紧密柔软、弹性好、有膘光。

麻织物：手感粗糙、强度极高、吸湿、导热、透气性很好。

涤纶织物：手感好、弹性好、不易起皱、在阳光下有闪光。

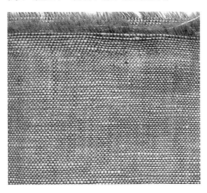

氨纶织物：有极好的伸缩弹性，松弛后又可迅速恢复原状，似橡皮筋（橡胶丝）又比橡皮筋优越得多，坚牢度高，强度比橡胶丝高，有柔软舒适感。有良好的耐化学药品、耐油、耐汗水、不可蛀、不霉，在阳光下不变黄等特性，其长丝复丝有多种用途，如可用于针织品和机织物等。

锦纶织物：手感比涤纶糯滑但比涤纶易起皱。

晴纶织物：手感蓬松、伸缩性好、类似毛织物但没有毛织物活络。

维纶织物：也叫维尼纶，其性能接近棉花，但不及棉织物细柔、色泽不鲜艳，在现有合成纤维中吸湿性最大。

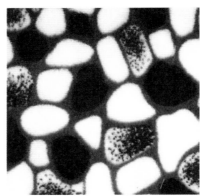

印花工艺基础知识培训

1.水印和水浆印花

　　水印和水浆印花是丝网印花行业中最基本的一种印花工艺，这种工艺可以在棉、涤纶和麻等面料上运用，几乎在所有的浅底色面料上都可以运用且应用十分广泛。它的工艺原理近似于染色，不同的是，它能将面料的某一区域"染"成图案所需要的颜色，所以这种工艺在深底色面料上无法应用。

　　优点：应用广泛，花位牢固度高，能用相对低廉的价格印出较好的效果；不会影响面料原有的质感，比较适用于大面积的印花图案。

　　缺点：水印和水浆印花工艺的局限性是在所有深底色面料上效果很不明显，如黑色、深蓝色和深紫色等。

　　建议：由于水印是在浅底色面料上运用，尤其是白色，所以应该注意印花图案的颜色是否浸染到面料上。

2.网点印花

网点印花也是水印的一种。菲林采用网点式制版，通过网点的密和实来达到图案的细腻和层次效果。

优点：图案效果比较细腻，层次虚实感更加强烈；覆盖性比较轻，手感相当柔软；美观且舒适透气。

缺点：由于也是水印的一种，所以同样避免不了在深底色面料上运用的局限性。

3.胶浆印花

胶浆印花应用特殊化学凝胶与染料混合，通过染料凝胶的介质作用，牢固地附着在面料上的工艺。它可在棉、麻、粘胶、涤纶和锦纶等各种纤维的混纺面料上运用。

优点：胶浆印花工艺克服了水浆印花的局限性，适合各种深底色和不同材质的面料；色彩靓丽，有一定的光泽和立体感。

缺点：由于它有一定的硬度，所以应用于大面积的图案时，容易使衣服局部僵硬，衣服的透气和吸汗作用降低；胶浆印在光滑面料比如风衣料上的时候，一般色牢度很差，用指甲容易刮掉。

建议：应用于大面积的图案时应先采用水印或水浆印，然后局部用胶印来点缀；线性的图形、镂空的图形和覆盖面积不强的图形，可以采用胶印；有光泽的面料上，要想达到胶印的效果，可以选择油墨印花工艺。

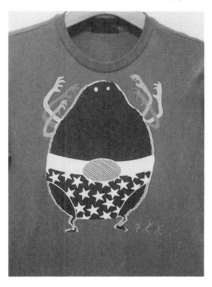  

4.发泡印花

发泡印花又称立体印花,是在胶浆印花染料中加入几种一定比例的高膨胀的化学物质,印花位置经烘干后用200°~300°的高温起泡,实现类似"浮雕"的立体效果。

优点:印花面突起、膨胀,立体效果很强。

缺点:发泡印花靠高温起泡,在牢度上很难百分百的控制好,所以要防止花位脱裂和撕裂。

建议:由于比较厚重,所以在服装中不宜大面积应用,可以用来做点缀效果,或线性图案和字母。

5.植绒印花

植绒印花是立体印花工艺的一种,其原理是将高强度的树脂粘合剂用包含所需花位的丝网印到面料上,再让纤维绒毛通过数十万伏的高压静电,使绒毛垂直均匀地"沾"到涂了粘合剂的面料上,再经过高温固定成型。

优点:立体感强,颜色鲜艳,平面手感柔软;恰当运用,能够使图案表现出很好的层次效果。

缺点:不宜应用于大面积的图案,透气性一般;植绒工艺如果做得不到位,绒毛容易脱落,粘到服装上。

建议:植绒印花适合做点缀效果,突出图案的层次和手感;为了防止绒毛脱落,做大货时需加强工厂的质量监督。

6.烫金烫银

烫金烫银是在印花浆中加入特殊的化学制剂，现在一般加入铝粉，使花位呈现出特别靓丽的金色或银色。

优点：金属光泽好，烫银效果能够达到白银一样的光泽，并且有一定的立体效果。

缺点：有一定的厚度，不太适合大面积应用，多用于局部做点缀；金属光泽物是靠制剂粘合上去，所以如果工艺做得不到位就会容易掉金银粉末。

建议：为了达到大面积效果，可以采用印金印银工艺，手感比较柔软。

7.拔染印花

拔染印花分为拔白和色拔，拔白是用还原剂（强酸性试剂）把原布上花型部位的染料原色破坏，还原布料的本来面目；色拔是在拔白试剂中加入染料，使试剂在破坏面料颜色结构的同时把需要的颜色印上去，达到拔染印花的目的。

优点：拔染印花的花纹更为细致和逼真，轮廓清晰，色彩带有怀旧感觉；因为拔印原理是褪色，所以印花手感非常柔软。

缺点：因为拔印采用酸性染料或中性染料，所以如果服装洗水把关不牢，就容易遗留刺激性味道；再加上染料对面料有很强的腐蚀性作用，所以图案部位容易出现撕裂现象。

建议：加强印花厂的质量监督，防止货品出现残次；控制好拔印的尺度，大面积图案的拔印必须应用在21支厚度以上的面料上；21支~32支厚度的面料尽量用小面积拔印，低于32支的面料禁止用拔印。

8.厚板浆

厚板浆建立在胶浆的基础上，好像是胶浆反复地印了好多层一样。

优点：它能够达到非常整齐的立体效果，并且有一定的光泽感。

缺点：工艺要求比较高，不宜大面积印花。

建议：图案一般采用数字、字母、几何图案、线条等。

9.油墨印

油墨印也叫热固油墨印花，它采用化学油墨作为印花材料，需要高温烘干以使油墨凝固到织物上。需要制作印刷版，可以采用四色撞网来印刷彩色图案，也可以在深色织物上先印上一层白底后再印刷浅色图案。从外观上看和胶浆没有太大区别，但胶浆印在光滑的面料上牢度很差，容易被指甲大力刮掉，而油墨可以弥补这个缺点。

优点：可以印出逼真的效果和鲜艳的颜色。

缺点：同胶浆印花一样手感比较硬，透气性差；不耐洗图案易脱落，特别是用于化纤类织物时。

建议：应用于大面积的图案时应先采用水印或水浆印，然后局部用油墨印来点缀；线性的图形和镂空的花形可以采用油墨印；有光泽的面料上，要想达到胶印的效果，可以选择油墨印花工艺。

洗水基础知识培训

1.普洗

　　普洗即普通洗涤，是将日常生活中熟悉的洗涤改为机械化。水温在60℃~90℃之间，加一定的洗涤剂，经过15分钟左右的普通洗涤后，过清水加柔软剂即可。通常根据洗涤时间的长短和化学药品用量的多少，将普洗分为轻普洗、普洗和重普洗。

　　效果：使织物更柔软、舒适,在视觉上更自然、更干净。

　　注意事项：如无特殊要求，针织面料都为普洗；夏季薄梭织面料都为普洗。

2.酵素洗

　　酵素洗是一种纤维素酶，它可以在一定pH值和温度下，对纤维结构产生降解作用；可与石头并用或代替石头，与石头并用，通常称为酵素石洗或酵磨洗。

　　效果：布面较温和地褪色、褪毛（产生"桃皮"效果）达到持久的柔软效果。

3.酵磨洗

　　酵磨洗（石洗/石磨）即在洗水中加入一定大小的浮石，使浮石与衣服打磨，打磨缸内的水位以衣物完全浸透的低水位为准,以使得浮石能很好地与衣物接触；在石磨前可进行普洗或漂洗，也可在石磨后进行漂洗。根据客户的不同要求，可以采用黄石、白石、AAA石、人造石和胶球等进行洗涤。

　　效果：洗涤后布面呈现灰蒙、陈旧的感觉，衣物有轻微至重度破损。

4.砂洗

砂洗多用一些碱性和氧化性助剂，使衣物洗涤后有一定褪色效果及陈旧感，若配以石磨，洗涤后布料表面会产生一层柔和霜白的绒毛。再加入一些柔软剂，可使洗涤后的织物松软、柔和，从而提高穿着的舒适性。

效果：有褪色及陈旧感的视觉效果，使织物松软、柔和。

5.漂洗

漂洗即在普通洗涤过清水后，加温到60℃，根据漂白颜色的深浅，加适量的漂白剂，在7分钟~10分钟时间内完成。

漂洗可分为氧漂和氯漂。氧漂是利用双氧水在一定pH值及温度下的氧化作用来破坏染料结构，从而达到褪色，增白的目的，一般漂布面会略微泛红；氯漂是利用次氯酸钠的氧化作用来破坏染料结构，从而达到褪色的目的，氯漂的褪色效果粗犷，多用于靛兰牛仔布的漂洗。

效果：使衣物有洁白或鲜艳的外观和柔软的手感。

6.破坏洗

破坏洗是先在砂轮上磨一下，然后再进行石磨洗。洗涤好后有一定的陈旧感，特别适用于袋盖、领边、下摆边和袖口等部位。

效果：在某些部位（骨位、领角等）产生一定程度的破损，有较为明显的残旧效果。

7.雪花洗

雪花洗又叫炒雪花，是把干燥的浮石用试剂浸透，然后在专用转缸内直接与衣物打磨，通过浮石打磨在衣物上，使试剂把摩擦点氧化掉。

雪花洗的一般工艺过程如下：浮石浸泡高锰酸钾→浮石与衣物干磨→雪花效果对板→取出衣物在洗水缸内用清水洗掉衣物上的石尘→草酸中和→水洗→上柔软剂。

效果：布面呈不规则褪色，形成类似雪花的白点。

特种工艺基础知识培训

1.吊染工艺

将服装吊挂起来排列在往复架上，在染槽中先后注入液面高度不同的染液，先低后高分段逐步升高，染液先浓后淡，如此可染得阶梯形染色效果。

优点：服装产生层次、渐变效果，丰富了款式的视觉效果；运用的部位不受限制，主要应用于袖子、领圈和衣身下摆。

缺点：吊染主要应用于成衣所以风险性比较大。

建议：吊染主要应用于春夏和秋季薄一点的面料上，也偶尔用在抓毛磨毛等稍厚的针织面料中。

2.绣珠片工艺

绣珠片工艺是绣花的一种，通过电脑绣花工艺，将一定尺寸的珠片并列绣到图案部位。

珠片分类：银光类、闪光类和哑光类。

优点：有较强的光泽感和立体感。

缺点：因为珠片累积在一起，有一定的厚度，所以不宜应用于大面积的图案。

建议：珠片装饰适合应用于局部位置，起强烈的点缀作用。图形适合条状和圆点状。

3.喷马骝工艺

用喷枪把高锰酸钾溶液按设计要求喷到服装上，使布料氧化褪色。用高锰酸钾溶液的浓度和喷射量来控制褪色的程度。

优点：有做旧效果，色彩渐变均匀，层次感较强。

缺点：成本较高，风险较大；大货存在单件与单件之间差异性。

4.手擦工艺

洗水前使用砂轮滚动摩擦而使布面染料褪色，让面料在洗水后自然地显现出怀旧和泛白感。手擦主要是靠拭擦者的手臂力度来控制脾位和臀位褪色效果的轻重。

优点：这是一种物理褪色效果，不会改变面料的纱织内部结构。

缺点：褪色效果不会很强烈（一般情况下配合喷马骝使用）。

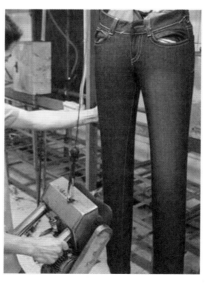

5.树脂压皱工艺

将衣物浸泡免烫树脂并脱水后，在特定部位用夹子夹出需要的形状和起伏度，然后高温烘焙让树脂交联定型，从而制造出永久的立体褶皱效果（浸泡的时间决定压皱效果的强弱）。

优点：皱褶效果强烈，保持时间长久。

缺点：树脂药水会改变面料的内部纤维结构，浸泡时间长容易导致面料撕裂。

开发设计的风险意识培训

1.面料应用所需的注意事项

面料本身的撕破强度和拼接强度。

水洗色牢度和经纬扭度。

过胶和涂层面料的剥离强度和耐磨强度。

面料季节运用合理性。

面料克重、幅宽和缩水率。

面料质地：起球、纱粒和毛节等。

注意事项：必须在面料开发方向定下来后，对版布进行初步测试。

2.面料之间搭配的常识和常见问题

同类面料用不同颜色搭配，防止出现深颜色浸染到浅颜色上的现象；特别需要注意的深色：黑色、宝蓝、深咖啡、深紫色、墨绿色和暗红色等。

不同材质面料搭配，防止出现拼缝处因缩水不一，而出现烂针孔现象。

不同机理面料搭配，防止大货洗水过程中，出现摩擦起球现象。

缩水比例大的两种面料拼接，防止洗水后，出现拼接处起皱或扭曲现象。

3.面料与辅料之间搭配的常见问题

设计中出现撞色棉带、棉绳和撞色织带时，必须测试织带的色牢度，防止深色棉带和织带浸染到浅色衣服上。

设计中运用车缝不同质地的织带时，必须留意缩水不一的问题，防止洗水后出现大幅度起拱现象。

针织面料上运用四合扣时，必须注意四合扣的牢度，防止出现掉扣现象。

针织面料上运用撞钉、抓钉或鸡眼时，必须注意是否牢固，防止洗水后出现掉钉或烂洞现象。

薄面料中运用打枣装饰时，必须防止打枣尾部洗水后烂洞。

设计中运用手工线粗线或毛线时，必须测试线的色牢度，防止洗水后线色浸染到衣服上。

设计中运用塑料扣，如果需要染色撞色，必须防止深色扣子掉色到浅色衣服上。

4.印绣花及特殊工艺的常识和常见问题

深色印花在浅色衣服上，必须提醒印花厂注意印花的色牢度，防止洗水后印花浸染衣服。

浅色胶印、厚版胶印和发泡印，必须留意本布的色牢度是否足够高，防止本布掉色染在印花上。

拔印花工艺，必须注意面料的厚度是否适合，防止拔印后造成面料结构稀疏，容易被撕裂。

运用绣花工艺时，必须根据面料的厚度来调整绣花的针法和密度；薄面料不适合大面积、大密度且来回加厚的绣花，洗水后容易出现烂洞和缩水不一等现象。

运用到烫珠片工艺，必须留意面料的面部纹理是否细腻平整，珠片的胶粘度是否牢固，防止洗水后大面积掉珠片。